Collection **UN SUR DIX**
dirigée par Stefan Peltier

Dans la même collection :

Emmanuel Ménard, *C'est toujours moins grave qu'une jambe cassée*, roman, 1997.

Peter McGehee, *Zero MacNoo*, roman, 1997.

Frank Browning, *La Culture du désir*, essai, 1997.

Robert Rodi, *Folle de lui*, roman, 1997.

Pour être tenu régulièrement informé des publications de la collection UN SUR DIX, il vous suffit de nous faire parvenir vos nom et adresse à :
DLM éditions 3, avenue de Castelnau 34090 Montpellier.

L'aérodynamique du porc

Titre original : The *Aerodynamics of Pork*
Éditeur original : Flamingo

ISBN 2-87795-122-7

Patrick Gale

L'aérodynamique du porc

traduit de l'anglais par Francis Hermange

DLM
ÉDITIONS

Je dédie cette première offrande à la mémoire chérie de mon frère Matthew, parce qu'il était doué de fureur et d'amour, mais surtout parce qu'il savait s'amuser.

(Notting Hill, février 1984)

Il y a en nous tous quelque chose qui n'apparaît pas dans la vie de famille, ou alors est supprimé ou rejeté par cette dernière. Mais c'est certainement mieux ainsi.

Anna Donne, *Elders and Betters*
par Ivy Compton-Burnett

Les criminels suivent fréquemment un schéma général quand ils commettent un crime. Si l'on peut affirmer que les crimes ont une personnalité, c'est parce que ceux qui les commettent, en utilisant toujours la même méthode, leur donnent des caractéristiques évidentes. La méthode de travail du criminel est connue comme étant son *modus operandi* ou M.O. Il est difficile à un être d'éviter d'agir selon la manière qui lui est naturelle. C'est sur ce facteur humain que se bâtit la force du système du *modus operandi*.

Manuel d'Entraînement de la Police : Article 63

Vendredi Un

Quand les starlettes fêtent leur anniversaire rien ni personne ne peut se mettre en travers de leur chemin. Ce mois-ci les conjonctions stellaires (les plus favorables aux natives du Lion depuis leur venue au monde ! !) les rendront invincibles. Alors, dites aux mecs de faire attention parce que, la semaine prochaine, leur petit rayon de soleil va obtenir tout ce qu'il désire, et, quand on dit tout, c'est vraiment tout !

A n'importe quelle autre occasion Seth aurait trouvé humiliant d'être surpris en train de lire la chose en public, mais son dernier trimestre était achevé et, Dieu aidant, ce serait la dernière fois qu'il prendrait ce train.

Le son mat de l'air comprimé contre les fenêtres du wagon lui signala le passage dans l'unique tunnel digne de ce nom. A l'aller, cette traversée des ténèbres donnait lieu à une sorte de rituel : Seth devait se répéter inlassablement « Vous qui entrez ici, laissez toute espérance », tout en comptant sur ses doigts, jusqu'à ce que la lumière du jour réapparaisse. Le nombre de fois qu'il avait prononcé la formule lui donnait le nombre de jours qu'il aurait à attendre avant d'avoir des rapports sexuels. C'était toujours un pari assez sûr, plus une manière de se rassurer qu'un prétexte à s'angoisser. Invariablement il répétait la formule huit ou neuf fois. Chaque trimestre il ne fallait qu'une semaine pour que l'atmosphère de serre de l'internat n'envoie les spectres de ses amours de vacances se faner dans l'insignifiance doucereuse de l'oubli. Comme dit le Corbeau, « Jamais plus ! ».

Il leva la main pour toucher le bouton qui ornait sa tempe gauche. D'une nuance de rouge évoquant la couleur d'une crevette furibarde, celui-ci était toujours intact. Il espéra que Mère ne penserait pas qu'il ne s'était pas lavé. Il tirait une certaine fierté de son aptitude à ne pas tout le temps s'émouvoir, comme ses jeunes cousins, pour des problèmes de peau.

Le train ralentissait. Basingstoke. D'un côté des maisons préfabriquées affichant des noms familiers, de l'autre une cité. Des étendues de gazon, des allées en béton bien ordonnées, un terrain de golf, un centre commercial, de jeunes arbres dans des cages métalliques.

Le quai était noir de monde. Seth retira ses affaires du siège en face de lui pour les mettre dans le porte-bagages, à l'exception de son violon. Après s'être assuré que celui-ci prenait tout l'espace à sa gauche, il desserra sa cravate, défit le premier bouton de sa chemise, plaça une main protectrice sur l'étui et ferma les yeux afin de simuler le sommeil.

Les portes s'ouvrirent et il écouta le wagon se remplir. Les excuses marmonnées et les remerciements murmurés fusaient tout autour de lui. Un gloussement d'enfants traversa le couloir. Les portes claquèrent et la voiture se remit en mouvement. Il sentit la jupe de quelqu'un frotter contre ses genoux.

– Excusez-moi...

C'était la voix ferme et un peu inquiète d'une quadragénaire. La femme était entrée en hâte et se maintenait en équilibre en se balançant d'une jambe sur l'autre près de la porte. Il se représenta ses rides parfaites ainsi que la structure mouvante de sa permanente.

– Excusez-moi, jeune homme...

Le bout de ses doigts lui rappela qu'il était toujours en train de bercer sur ses genoux un magazine peu convenable dont il ne pouvait plus décemment justifier la présence.

Une perle de sueur roula de son aisselle le long de ses côtes pour finalement pénétrer dans un pli de coton quelque part au dessus de sa taille.

– Tenez. Prenez le mien. (La voix d'un homme juste devant Seth.) Je crois qu'il dort depuis un moment.

Il y eut un peu d'agitation quand l'homme se leva. Puis elle fit bouffer ses cheveux afin de les remettre en place avant de poser son postérieur.

– Eh bien merci. C'est très gentil.

Le « I » pincé de la mangeuse de scones [1] obsédée par les éventuelles miettes.

Quelqu'un commença à faire glisser le violon hors de son étreinte. Le sauveur faisait de la place pour s'asseoir. Seth produisit son meilleur marmonnement de dormeur et fit glisser sa main sur ses genoux, tout en nichant un peu plus son visage dans le rideau. L'homme, dont la voix avait paru plutôt jeune et agréable, s'assit à ses côtés, avec le violon probablement en travers de ses

1 - Sorte de petit pain au lait. NdT.

cuisses habillées de tissu à fines rayures. Comme la suspension du siège s'étirait sur sa gauche, Seth réprima l'élan qui le poussait à se coucher sur les genoux de son compagnon de voyage. Il s'autorisa un léger mouvement afin de redresser sa cheville, tordue de manière assez peu naturelle pendant les préparatifs du *tableau* [2]. Dans la manœuvre, le magazine atterrit par terre. L'iguane permanenté grogna sa surprise. Encore quarante minutes avant la gare de Waterloo. La proximité de juillet faisait osciller au rythme du train les quelques dizaines de vestes en lainage ôtées par les passagers. Les chants de sirène de la libido adolescente de Seth s'avéraient irrésistibles. Laissant les anges à leurs larmes, Seth pourchassa mentalement ses fantasmes pendant quelques instants avant de glisser, paisible, dans les bras de Morphée.

Seth Felix Peake, quinze ans et onze mois, n'était un délinquant occasionnel qu'aux yeux de l'église et de parents rétrogrades. Il ne s'était pas fait renvoyer. D'un pur point de vue scolaire, il était perdu, mais, aux yeux de sa mère, son talent avait été découvert juste à temps.

---

2 - En Français dans le texte. NdT.

Vendredi Deux

Ingénieux : c'était le vent qui la mettait en marche, bien sûr, mais une fois démarrée la sculpture semblait se mouvoir grâce à son propre dynamisme. Maude Faithe, Mo pour les intimes, observait avec un intérêt sincère le système de rouages, d'eau, de voiles et de poids qui s'activait devant elle. Une femme, agrippant la main d'une petite fille, pointa l'œuvre du doigt et s'écria :

– Regarde chérie. N'est-ce pas ingénieux ? Tu vois comment ça marche ?

Maude regarda encore. Elle voyait tout à fait comment ça fonctionnait. Les parties brillantes en émail de la sculpture ne la charmaient plus.

Ça vous donne surtout un peu la nausée, pensa-t-elle en s'éloignant.

Les missions en civil étaient un changement bienvenu, certainement grâce à cette sensation de détenir un pouvoir caché au yeux d'une masse ne se doutant de rien. Les uniformes avaient leurs avantages. D'aucuns pensaient qu'il fallait être bizarre pour aimer les porter, mais ils avaient tort ; cet uniforme était une protection. Il signifiait que vous pouviez arpenter les rues en restant vous-même tout en n'apparaissant au reste du monde que comme une femme agent de police. La façon dont les gens vous jugeaient en détaillant vos vêtements civils avait de quoi vous donner la nausée. Déjà à l'école, la façon dont Mo se faisait taquiner parce qu'elle ne possédait qu'une seule jupe l'avait rendue malade. En uniforme, les gens arrêtaient de vous juger et commençaient à vous accepter. Là encore, ils savaient ce que vous faisiez et s'attendaient à vous voir le faire – la beauté de l'habit civil résidait dans le fait que vous pouviez n'agir que quand l'envie vous en prenait. Le pouvoir caché. En fait, quand on y pensait, c'était un peu bizarre.

Mo regarda nonchalamment la foule qui l'entourait. Elle était fière de ce regard nonchalant. Observer de façon insoupçonnée, c'était le secret du pouvoir caché.

Elle n'avait qu'un petit secteur à surveiller, un espace vert près de County Hall. On l'avait déjà envoyée patrouiller parmi une foule de ce genre la semaine dernière, dans cet ancien hangar des chemins de fer. Toujours les mêmes : de grandes bêcheuses avec des foulards attachés à leur sac noir et brillant, parfois accompagnées de leur mari, toujours en costume ; des tapettes, qui essayaient de s'habiller différemment du reste du monde et finissaient par toutes se ressembler. Mo pouvait repérer une tapette à vingt pas. Et puis, il y avait aussi les féministes. Les gens racontaient beaucoup de conneries sur la façon dont les hommes vieillissaient mieux que les femmes. Si les hommes vieillissaient mieux c'était uniquement parce qu'ils n'essayaient pas d'avoir l'air aussi stupide. Si un homme décidait de porter les cheveux longs et frisés, des vêtements moulants, et montrait ses jambes tout le temps, il ne vieillirait pas si bien lui non plus. Mo était heureuse que certaines femmes aient enfin vu la lumière. Ça lui donnait quelque chose de joli à regarder.

Bien sûr, Timson prétendait que les organisateurs avaient demandé la présence d'un représentant assez haut placé de la Met [1] afin de « propager les bonnes relations », mais Mo ne s'était pas laissée tromper par ce petit mensonge. La faire fureter discrètement parmi le menu fretin était la punition qu'il lui infligeait pour ne pas lui avoir léché le cul comme tous les autres. En outre, errer en uniforme parmi la foule aurait été pour elle une occasion gâchée d'observer sans être vue. Elle était donc venue en civil.

Au début, tout s'était bien passé. C'en était même excitant. Les recrues féminines commençaient à obtenir des responsabilités autres que de rechercher des gamins perdus ou de jouer les appâts dans les boîtes de nuit. Du coup, Mo s'était sentie comme une pionnière. Elle s'était sentie très fière quand les journaux étaient venus pour prendre sa photo. Du moins jusqu'à ce qu'elle lise les articles et ne se rende compte que tout ce qui les intéressait se limitait à la coupe sexy du nouvel uniforme. Puis ce furent les sifflements admiratifs qui commencèrent, ce qui ne lui était jamais arrivé en civil. Quand ce fut au tour de ses collègues de se mettre à lui faire du rentre dedans, elle formula une plainte.

Malgré les mises en garde des autres femmes du service, elle avait rassemblé les coupures de journaux incriminées et des comptes rendus de harcèlement avant de prendre rendez-vous avec un officier supérieur. Là, elle avait exigé que, puisque les femmes faisaient un « travail d'homme », elles soient autorisées à s'habiller comme eux. Les salauds, tous des hommes évidemment, s'étaient marrés et lui avait sorti que si elle voulait tant cacher ses jambes, elle aurait dû conduire des bus. Furieuse, elle était rentrée chez elle,

1 - Metropolitan Police. NdT.

s'était emparée d'une paire de gros ciseaux et avait massacré sa chevelure. Le lendemain, quand elle réapparut au boulot avec la tête d'une nonne en fuite, on lui épargna les sifflements, mais elle venait de ruiner ses chances de promotion pour les années à venir.

Malgré tout elle connut cet honneur par deux fois, en récompense de sa bravoure. L'agent Faithe avait sorti un homme d'un immeuble en flammes avant de replonger dans la fournaise pour sauver un enfant inconscient. Deux ans et quelques examens plus tard, le Brigadier Faithe avait arrêté un maniaque sexuel. Elle s'était retrouvée de service en civil dans une zone dangereuse, une cité de Highgate, quand un homme était venu vers elle en courant, pris de panique, et lui avait parlé d'une femme mourante, dans son appartement tout proche. Elle avait tout d'abord reconnu l'approche puis la ressemblance avec un portrait-robot de l'homme recherché. Dans un élan chevaleresque, elle avait fait semblant de se laisser berner et l'avait suivi chez lui. Elle était persuadée qu'une tentative d'attaque fournirait la preuve matérielle nécessaire à son arrestation. L'attaque fut plus violente que Mo ne l'avait prévue. Elle parvint à le maîtriser, mais pas avant qu'il ne lui inflige de son couteau une profonde blessure à la cuisse ainsi qu'une entaille à la joue. Elle était restée à l'hôpital plusieurs semaines pour finalement en sortir Inspecteur, décorée par la ville pour services rendus aux femmes, et le visage balafré à vie.

Son ancienne réputation de fautrice de trouble avait été oubliée quand elle fut envoyée à la tête d'une équipe pour maîtriser la situation pendant la livraison de nouveaux équipements à la base aérienne de Greenham Common. Il fallait s'attendre à la présence de barrages routiers montés par les manifestants pacifistes, et c'était le travail de la police de s'assurer que cette livraison parvienne dans l'enceinte sans encombres, en étouffant dans l'œuf toute violence.

Mo avait lu tous les articles, mais n'avait jamais cru que les choses puissent atteindre un point où l'on soit obligé d'appeler en renfort des groupes de la Met pour aider le contingent de la Vallée de la Tamise. Tout en observant le givre sur les fenêtres du fourgon, elle se remémorait un article du *Mail* où on disait que les manifestants dormaient à la belle étoile, leurs affaires protégées par des bâches de plastique. Sans sanitaires. Ni moyen de conserver la nourriture. Le journaliste avait cherché à choquer, insistant sur la juxtaposition de l'intimité trop apparente de ces femmes avec leurs misérables conditions de vie. Entre elles, elles s'appelaient « ma chérie » et partageaient des cigarettes.

« Il faut que je sois forte », pensa Mo. Dans le fond du fourgon des hommes se marraient en se racontant des blagues, d'autres lisaient le journal ou fumaient. Une journée de boulot ordinaire. Mo était bien contente d'avoir utilisé un faux nom sur son formulaire d'inscription à la CND [2], de n'avoir pas été trop courageuse. Apparemment des listes circulaient. Il était difficile de comprendre pourquoi il fallait tant d'hommes vu que, dans ce cas, la violence était peu probable. Peut-être qu'un déploiement suffisant de force suffirait à dégager le terrain ?

« Par pitié, il ne faut pas qu'ils me voient être gentille ».

Le fourgon s'arrêta, les portes s'ouvrirent brusquement et ils progressèrent bientôt sur un chemin extrêmement boueux. Il y avait comme une sensation banale de travail quotidien à se retrouver là. Mo donnait ses ordres, répondait mécaniquement aux questions, l'esprit absorbé par l'article et les photos du *Mail*. Entre elles, elles s'appelaient « ma chérie » et partageaient des cigarettes. Arrivée à un tournant, elle découvrit les portes. Des femmes étaient assises devant le portail ainsi que sur les dix mètres de chemin qui précédaient. Elles avaient l'air si déplacées à cet endroit que ce qui la frappa en premier fut leur nombre. En s'approchant, elle se rendit compte qu'elles avaient pour la plupart entre dix-neuf et trente ans, le nez brillant et les joues roses, tout emmitouflées contre l'humidité et le froid. L'arrivée des autorités ne se lut sur aucun visage. Mo entendit quelques agents plaisanter discrètement, puis l'un d'entre eux les interpella :

– Bonjour, mes chéries !

Une des femmes commença à chanter quelque chose et les autres se joignirent à elle, se souriant les unes aux autres, certaines se balançant doucement sur l'herbe.

Les premiers hommes avaient atteint le groupe et devaient traîner les manifestantes à bras le corps sur le bas-côté. De la résistance passive. Mo avait donné des instructions à son équipe à ce sujet. Les forces en réserve s'entassaient derrière, attendant de pouvoir passer. Mo parvint jusqu'au groupe, maudissant sa jupe réglementaire. Elle se devait d'être brusque, de cacher sa douceur.

– Allez. On dégage, dit-elle du ton le plus ferme possible, et, se penchant, elle glissa les mains sous les bras de la femme la plus proche et commença à tirer.

Elle sentit le corps s'avachir. Ses pieds glissaient dans la boue. Des voix féminines l'interpellèrent.

2 - Campaign for Nuclear Disarmament : Mouvement pour le Désarmement Nucléaire. NdT.

– Hé ! Elle est des nôtres !

– Salut, ma sœur !

– J'adore ta jupe fendue, mon chou !

Elle baissa la tête et se remit à traîner la femme dans la boue. C'était ridicule. Embarrassant même. Dès qu'on lâchait une manifestante, elle attendait sans bouger que celui qui l'avait dégagée se soit éloigné de quelques pas, puis se dépêchait de rejoindre le groupe. Mo comprenait maintenant pourquoi ils étaient venus si nombreux. Bien sûr il eut été facile de procéder à des arrestations (les endroits comme celui-ci étaient un vrai fouillis d'arrêtés municipaux) mais uniquement en dernier recours. Cela créerait une publicité inopportune. Le matériau (pas l'ennemi, les notes de services n'appelant jamais un chat un chat) était bien trop incendiaire. On avait besoin ici d'une force de persuasion plus diplomatique, ce qui selon Mo était plutôt difficile à créer en jupe et embourbée dans dix centimètres de boue liquide. Elle retourna jusqu'au groupe et se saisit d'une autre paire d'épaules. Une femme chantait « Vous ne pouvez pas tuer l'âme ».

Mo rejoignit vite les manifestantes. Ça commençait à ressembler à un stupide jeu de girl-scouts. Faire sortir deux filles du cercle avant que ne retentisse le sifflet et que la première ne retourne auprès du chat-huant. Encore une paire d'épaules, celle-ci enveloppée de laine. Encore plus de boue.

« Encore et encore et encore ».

Une voix d'homme s'éleva dans le tumulte. Mo jeta un coup d'œil. On procédait à une arrestation. En réponse aux questions de l'agent, l'accusée se contentait de chanter. Mo songea que si cette putain de situation n'avait pas été si exaspérante elle en aurait bien ri. Elle glissa et atterrit lourdement dans la gadoue, ce qui la fit jurer. La manifestante se releva et, le sourire aux lèvres, l'aida à se remettre debout. Mo, rougissante, la remercia. La femme retourna auprès de ses compagnes en riant. Elles rirent aussi avant d'entonner une nouvelle chanson.

« Appuie-toi sur moi, car je suis ta sœur ». Les notes étaient déformées par les gloussements. « Appuie-toi sur moi, car je suis ton amie ».

A présent sérieusement agacée, Mo titubait dans la pagaille ambiante. Un dernier essai et elle allait en arrêter une. Mais, alors qu'elle se penchait pour saisir une fille, celle-ci se retourna et se blottit en position fœtale autour de ses chevilles. Mo avait du mal à garder son équilibre. En essayant de libérer ses pieds, elle ne fit que les enfoncer plus profondément dans la boue.

« Appuie-toi sur moi ».

Elle vit le visage de la fille. Des cheveux blonds coupés ras, une oreille percée dont la signification ne faisait aucun doute, la bouche tordue par un sourire malicieux. Cette fille vautrée dans la boue était jolie. Mo se figea, la fixant.

Un homme s'approcha. C'était le Brigadier Higgins. Mo détestait cordialement ce petit bâtard suffisant.

« Appuie toi sur moi, car je suis ton amie », chantaient-elles toutes.

– Des ennuis, Inspecteur ?

Il se pencha et abattit violemment la main sur l'épaule de la fille.

– Eh ! Qu'est-ce que tu fabriques, là ? beugla-t-il en essayant de la tirer en arrière.

Le fœtus resserra si fort son étreinte que Mo en perdit presque l'équilibre.

– Doucement ! dit-elle.

Higgins se mit en colère.

– Maintenant tu te lèves, compris ?

La fille se remit à chanter la première chanson. « Vous ne pouvez pas tuer l'âme ». Sa voix était haut perchée et très aiguë. « Elle continue encore et encore ».

– Ah vraiment ? cria Higgins en lui balançant un coup de pied.

Il ne l'avait pas frappée particulièrement fort, mais ses bottes étaient renforcées et le coup avait atterri dans le bas de la colonne vertébrale. Le fœtus se déplia tout d'un coup, hurlant une malédiction et se frottant le dos. Instinctivement, Mo se laissa tomber à ses côtés et lui toucha l'épaule.

– Merde ! Ça va, ma chérie ?

Choquée et moqueuse, la voix d'Higgins s'insinua dans l'air.

– Faithe, putain de gouine !

Mo leva les yeux. Il s'éloignait. Son cœur se souleva. Elle se leva d'un bond et, sans réfléchir, le frappa sauvagement dans le bas des jambes. Il tomba dans la boue en se tortillant maladroitement.

Comme il fallait s'y attendre les conséquences de cet accès de colère furent sévères. Un compte rendu fut rédigé, puis, Higgins le premier, Mo ensuite, furent convoqués devant leur supérieur. Il y eut d'abord les habituels rappels condescendants de leur conduite et de leurs exploits passés, puis un interrogatoire serré commença.

– Inspecteur Faithe, avez-vous attaqué votre collègue parce que sa violence vous rendait furieuse ? Protégiez-vous votre réputation, ou avait-il, peut-être, effleuré un nerf sensible ?

Mo avait évidemment plaidé le syndrome prémenstruel, ainsi qu'une répulsion pour les techniques violentes de Higgins. Désarmés par autant de souplesse inattendue de sa part, mais sans la croire une seconde, ils avaient suggéré un transfert. Peut-être pourrait-elle travailler dans le West End avec le Commissaire Timson ? Un changement d'atmosphère. Peut-être même un peu de travail d'investigation ? Ils avaient tout d'une bande de foutus docteurs suggérant qu'un peu de jardinage léger était bon pour les nerfs. Il s'agissait ni plus ni moins d'une sanction.

Tout en contemplant la foule, Mo se demanda combien de héros télé avaient dû se rendre à ce genre de foutue exposition de sculpture du South Bank. Elle jeta un coup d'œil à sa montre. Presque trois heures. McEnery ne devrait plus tarder à venir la libérer. McEnery la Relève. Au bout d'un an de service au poste, ils avaient tous droit à un surnom. Mo avait découvert le sien sur le mur des toilettes, juste à côté d'un dessin cochon.

Je suis Faithe la Râleuse toute fière
Fiddle diddle diddle dee,
Équipée d'une jambe supplémentaire
Twiddle diddle fiddle dee.

Un pickpocket. En chair et en os. Mo s'en approcha automatiquement. C'était une fille. Le genre punk avec les cheveux en épis et une minijupe en cuir. Elle s'était glissée à l'arrière d'un groupe agglutiné autour d'une sculpture qu'une forte rafale de vent faisait tourbillonner comme un feu d'artifice fixe. Le cliquètement des clochettes de la chose lui valait une attention soutenue. Mo observait la gosse, émerveillée par sa technique. Faisant semblant de s'intéresser elle aussi aux sons et aux couleurs de la sculpture, elle tendait le cou pour mieux voir, pendant que ses doigts, tels un lézard habile, se glissaient dans le sac à main de sa voisine. Elle portait une veste trop grande avec des manches amples, dans lesquelles elle fit disparaître un portefeuille, une bouteille de parfum et un chéquier. Puis, avec la grâce d'un prestidigitateur, elle bâilla bruyamment, se couvrant la bouche de sa main coupable, envoyant ainsi le contenu mal acquis de sa manche hors de vue. Pendant que son élégante victime s'éloignait vers un autre objet, elle continuait de s'extasier sur la sculpture, tout en plongeant la main dans sa poche et en la secouant comme si elle cherchait de la monnaie. Mo se rapprocha d'elle. Elle aurait voulu que sa tenue civile soit plus complète, sac à main italien et foulard traînant compris. Elle eût ainsi pu remplir un portefeuille de petits mots disant : « Je sais tout, mais me tairai en échange d'un baiser. »

Pile à l'heure, elle aperçut McEnery, en uniforme, qui franchissait les portes d'un air important. Le vent retomba et la sculpture devint plus calme. C'est à l'instant où Big Ben sonna trois heures que l'Inspecteur Faithe décida, pour la première fois, d'exercer son fameux pouvoir caché en faveur des opprimés. Glissant son badge dans une poche, elle se tourna vers la voleuse le sourire aux lèvres.

– Superbe, n'est-ce pas ? lui dit-elle avant de s'éloigner.

Vendredi Trois

– Je pense qu'on devrait le réveiller, dit le jeune homme aimable.

– La British Rail s'excuse auprès des passagers du rapide en provenance de Bournemouth pour d'éventuels retards, en espérant ne leur avoir causé aucun désagrément.

Seth s'éveilla en clignant des yeux.

– On est resté longtemps au lit mais on a peu dormi ?

La gorgone s'essayait de façon inattendue à la paillardise. Seth eut un sourire larmoyant. Il s'était réveillé la bouche sèche. Elle quitta le wagon, à la recherche de chocolat.

– Attendez. Laissez-moi vous aider.

Un costume rayé, des cheveux brun foncé bien coupés, des yeux bleus, une mâchoire carrée, un soupçon de bronzage. Seth l'observa extraire sa valise du porte-bagages pour l'apporter sur le quai dans un long mouvement parfait de grâce animale.

– Merci beaucoup, bredouilla le garçon en descendant à sa suite.

– Votre violon.

De belles dents blanches.

– Oh. Merci. Au revoir.

– Salut.

Il s'éloigna, un journal gauchisant bien roulé sous le bras. Sans commentaires.

Sa mère était là. La chère Maman courait à sa rencontre.

– Chéri !

– Bonjour.

Ils s'étreignirent et s'embrassèrent, fredonnant pour ne pas avoir à se dire « je t'aime ». Elle rit.

– Qui était donc cet irrésistible jeune homme qui a porté toutes tes affaires ?

– Oh. Personne.

Il se souvint du *Cosmopolitan* abandonné sur le sol du wagon. Faites place au petit rayon de soleil.

Alors que la Volvo virait vers Waterloo Bridge, elle déploya la main devant le visage de Seth pour lui désigner quelque chose tout en gardant les yeux braqués devant elle, l'air distrait.

– Là, juste en bas. La nouvelle exposition d'Ilena a ouvert aujourd'hui. Cette chère Ilena. Ça s'appelle « Étirement Liquide et Rayon Métallique » ou quelque chose dans ce goût-là ; mais c'est très bon. Vraiment bon, en fait.

Ils durent s'arrêter pour laisser passer un bus. Il jeta un coup d'œil de côté et rencontra l'intense regard émeraude de sa mère. « Mais » était un mot qui lui ressemblait tant : une façon involontaire de se montrer indulgente par rapport à tout ce à quoi elle était confrontée. Une récompense offerte à tous pour avoir essayé. Il détourna la tête pour cacher son bouton et entraperçut l'exposition entre les garde-fous. Une espèce de petit jardin composé de bandes mouvantes sur le sol. Cette chère Ilena travaillait sur les structures cinétiques / soniques dans un entrepôt aménagé sur le canal à Islington. Après l'avoir dénichée à Camden lors d'une lecture de poésie, le groupe d'Evelyn l'avait adoptée avec un appétit pour la nouveauté presque indécent. Seth suspectait Ilena d'avoir des vues sur sa mère.

– On t'a coupé les cheveux à ce que je vois, mais c'est plutôt réussi.

Est-ce que sa mère savait ce qu'était une lesbienne ? Avait-elle besoin de le savoir ?

– Espèce d'affreux petit bonhomme !

A l'approche du passage souterrain, la voiture qui les précédait n'arrêtait pas d'aller et venir entre deux voies.

– Hors de mon chemin !

– Prochain arrêt chez Moshinski ?

– Évidemment. Mais c'est la dernière fois. Je commence à avoir un tour de taille inquiétant.

La première soirée des vacances était toujours célébrée par une visite à leur pâtisserie hongroise favorite.

– Comment va Père ?

– Bien, enfin je suppose. Il est déjà parti en Cornouailles.

A quarante-huit ans, grande, un regard d'émeraude, des cheveux formant un casque d'argent et un maintien superbe, tout concourait à accentuer le fait qu'Evelyn Peake était un peu plus pré que Raphaelite. Ses lèvres pleines étaient le seul détail qui lui donnait un peu de douceur. C'était une vierge guerrière qui avait fait du mariage l'épreuve cardinale de sa force. Elle mettait en évidence chez les autres femmes ces caractéristiques que les hommes considéraient comme la quintessence de la féminité, celles que toute femme honnête évite. Son père était mort dans un hospice pour alcooliques du troisième âge. Sa mère s'était laissée aller jusqu'à atterrir dans une clinique de la côte sud, où elle passait son temps à mâchouiller d'un air rêveur, au milieu des palmiers en pots, pendant que les années quatre-vingts s'écrasaient sur le crépi moucheté des murs extérieurs. Comme ils n'avaient quasiment jamais été là, les parents d'Evelyn ne lui avaient pas manqué. Pendant que Père s'enlisait progressivement dans un empire imaginaire créé par l'alcool, Mère, troublée par le regard sinistre et sans équivoque de sa progéniture, l'avait laissée à la garde de ses grands-parents, à Hampstead, durant des périodes de plus en plus longues, pour aller se soigner à Nice.

Confrontée à de si mauvais exemples d'effort humain, Evelyn devint quelqu'un d'extrêmement altruiste et autodiscipliné : une grande et mince Protestante. Elle se nourrit de la culture musicale de premier choix de ses grands-parents. Lesquels s'étaient rencontrés au Conservatoire de Paris, puis mariés, avant de devenir un duo violloncelliste pianiste acclamé. Ils se rendirent compte immédiatement qu'Evelyn n'avait pas le don de la musique, mais qu'elle était dotée d'une intelligence qui n'avait d'égale que sa détermination. Avec leurs encouragements et sa persévérance, non seulement elle obtint son diplôme de professeur de violoncelle, mais elle gagna aussi une bourse pour aller étudier à Paris avec Emmanuel Jakobsen, qui faisait alors des découvertes capitales dans l'éducation sonique des enfants sourds. Elle retourna ensuite à Londres, diplômée, pour découvrir que sa mère était revenue de Nice, ruinée par une opération liée au cancer et à court d'admirateurs malgré ses efforts pour déguiser les effets de la maladie. La créature ravagée essayait, avec la coquille tremblante qui lui servait de mari, de bâtir le foyer qu'elle n'avait jamais eu. A la consternation de ses grands-parents Evelyn s'installa avec ce couple saugrenu dans un pavillon de Kensington. Ils lui conseillaient sans cesse de s'occuper d'elle-même, et furent soulagés, un an plus tard, de la voir commencer une nouvelle vie en épousant un jeune homme intelligent, bien que vieux jeu. Avec leur cadeau de mariage, elle créa, sous son nom de jeune fille – Davenham – ce qui allait devenir une école de musique pour les sourds extrêmement prospère. A peine un an après son mariage, son père échappa à tout contrôle et fut envoyé dans l'établissement où il mourut d'une cirrhose du foie.

– Laisse-toi tenter. Prends ce truc au chocolat. Comme ça je prendrai celui au café et nous pourrons échanger à la moitié.

Evelyn rit.

– Bon d'accord. Tentateur.

Elle était certaine de la beauté de son fils. Consciente de l'aveuglement des parents, elle était constamment attentive au jugement des autres, qui constituait pour elle une preuve. Par exemple, il était évident que la serveuse l'aimait bien, mais ça faisait partie de son travail. Evelyn remarquait souvent que des hommes regardaient Seth, ce qui ne faisait que confirmer ce qu'elle pensait. Car en effet, ceux du même sexe étaient évidemment des juges plus justes et plus cruels. Elle aimait son front haut et ses yeux presque noirs. C'est là qu'elle aperçut son bouton.

– Tu es triste de quitter l'école pour de bon ?

– Oh, pas vraiment. Deux années de plus auraient sûrement été dans la même veine.

Il se souvint qu'elle avait payé quasiment tous les frais de scolarité et lui offrit un sourire.

– Je suis impatient d'être à nouveau à Trenellion. Quels sont nos projets ?

– Eh bien, Netia se fait déposer par Benji vers huit heures. (Elle baissa un peu la voix.) Elle le trouve plutôt sympathique alors il faudra peut-être que je lui demande de rester pour dîner.

– Lequel est-ce ?

– Il étudie l'Anglais à Caius. Tu te souviens sûrement, ils suivaient le même cours sur Shakespeare l'année dernière. Un grand blond.

– Oh, oui. Encore du thé ?

– Non merci. Mais il faut que nous allions faire le tour de la maison vérifier si les fenêtres sont bien fermées et si je n'ai pas oublié d'éteindre quelque chose. Et puis je dois fermer l'école. Ça, nous pourrons le faire en rentrant, avant que Neesh ne revienne.

C'était un petit truc qu'il avait appris : poser une question bienveillante, dont la réponse était sans importance, dès qu'il sentait sa gêne. Au début, les questions avaient été celles de n'importe quel enfant ; et maintenant, débarrassées de la moindre parcelle de crédibilité, elles relevaient plus du domaine du rituel routinier.

– Et ensuite ? la guida-t-il.

– Eh bien, tous mes bagages sont faits. Je suppose que toi et Neesh avez rapporté des tas de linge sale. Je suis partisan de tout emporter et de faire la lessive à Saint Jacobs. En priant pour que cette cochonnerie de double cuve ait été réparée. J'ai d'ailleurs écrit à Mme Stock à ce propos.

– Mme Pym.

– Oui, à Mme Pym. Mais elle est si distraite.

– Et pour la musique ?

– Oh, tout est arrangé. Je suis allé chercher les copies chez Swiss Cottage hier matin et Peter et Grigor les ont mises aujourd'hui dans la fourgonnette, avec les pupitres, les tablettes et tout le reste.

– Ce cher Grigor, avec ses stupides « blaques ». Comment va son œil ?

– Abominablement. Enfin, avant l'opération. Il avait attrapé une de ces cataractes et a dû se faire réopérer au laser. Ça date d'à peine deux semaines, mais, Dieu merci, il affirme que sa vue est déjà assez bonne pour conduire. Oh, merci.

La serveuse fit claquer une soucoupe sur la table. La note était coincée sous un morceau de sucre. Elle sourit à Seth avant de s'éloigner. Il lui sourit en retour sans la regarder. Evelyn décela là les premiers changements dans le calcul amoureux.

– Il faut qu'on se dépêche un peu.

Elle attrapa son sac.

– Non, dit Seth, pour une fois, c'est moi qui paye.

Il saisit la note et alla jusqu'à la caisse.

Étant donné que les enfants sourds avaient assez de frustrations à gérer sans y ajouter les barrières de ce qu'elle appelait « le Concept Scolaire avec un S majuscule », Evelyn s'était battue contre les conventions jusqu'au cœur même de ce qui fut la maison de ses grands-parents. Chaque pièce respirait la vie, non seulement grâce aux plantes et aux arbustes, mais aussi par la présence d'une ménagerie d'oiseaux. Pendant les vacances scolaires, les mainates, les perroquets, les canaris et les fringillidés roses se retrouvaient à la garde des familles des élèves afin « d'inculquer à chaque enfant », comme le disait la brochure, « un certain sens des responsabilités et de l'amour ; restaurant ainsi en lui, ou en elle, la foi en l'autre que son handicap avait probablement amoindri ». Même le manque d'éclat des étuis à musique alignés dans le hall avait été pris en compte. Les étuis à violoncelle étaient bleu ciel, ceux à violons vert pomme, ceux à trompettes jaune canari, et ainsi de suite. Chaque étui portait, d'un coté, une étiquette marquée au nom de son propriétaire à l'encre indélébile, et de l'autre, une seconde étiquette, avec la même inscription tendrement écrite au crayon de couleur. Elspeth, Marianne, Eustace, Candida, Dan, Joe, Phoebe et Quintus. Seth avait rencontré Phoebe au concert de Noël. C'était une rouquine coiffée de tresses, avec un sourire victorieux qui faisait presque oublier la boîte rose chair qui se balançait de façon grotesque à son cou. Joe était vraisemblablement le plus prometteur.

– Tu vérifies les portes et les fenêtres du bas et je m'occupe de l'étage.

Seth flânait dans la pièce principale. La lumière entrait à flots par le jardin. Il saisit la clé et ferma toutes les serrures de la baie vitrée, seule fenêtre vraiment large de la maison. C'est alors que son regard fut attiré par un étui à violon abandonné sur la banquette. Le couvercle portait l'inscription SFP. La mue poussiéreuse de son enfance. Il l'ouvrit, en sortit le petit instrument, désormais peu familier, ajusta l'archet et commença à jouer.

Evelyn s'apprêtait à retraverser le palier quand elle entendit Brahms. Elle s'assit dans un rocking-chair blanc. Ses traits reflétèrent cette beauté irréfléchie qu'ils avaient souvent affichée alors qu'elle était tapie dans un coin de la pièce où répétait Seth. Ses yeux s'emplirent d'une eau indolore. Réaction pavlovienne mais totalement sincère ; elle offrait à Brahms ses larmes, comme gage de son humble reconnaissance.

Le talent du garçon était au-delà des mots. Plus de trente ans de musique avaient permis à Evelyn d'entendre jouer un nombre incalculable d'enfants. Beaucoup avaient atteint une maîtrise technique surprenante pour leur âge. Mais il n'y avait là aucun mystère : les Japonais avaient démontré l'ouverture d'esprit des enfants à la technique. Ce type de virtuose précoce pouvait interpréter un morceau de Vivaldi à la perfection, mais était incapable d'atteindre la grâce requise quand il était confronté à une sonate de Brahms ou à un quatuor de Beethoven. La dextérité ne suffisait pas pour en rendre toute la passion, pas plus qu'un enfant de dix ans ne pouvait espérer comprendre les caprices du désir sexuel ; mais quand Evelyn avait entendu Seth jouer Brahms pour la première fois, elle avait été aussi choquée que si son fils lui avait sérieusement suggéré l'inceste. Il semblait mystérieusement comprendre les affres de la maturité ; des tourments qu'il transmuait en un code musical décharné. Elle pleura en silence, pendant que cet enfant qui n'avait connu d'autres femmes que celles de sa proche famille, saisissait les regrets d'un homme assez vieux pour être son père, et leur donnait une voix nouvelle.

Vendredi Quatre

Le 16 Lydia Villas était une des douillettes petites maisons de Hackney. La plupart des voisins de Mo avaient oublié, ou toujours ignoré, qu'elle était flic. Les articles parus sur elle faisaient maintenant partie du passé, et elle enfilait ses habits civils avant de rentrer chez elle. Où il n'y avait pas la moindre trace de son boulot. Elle avait appris par cœur les manuels du centre de formation avant de les jeter. Mo n'était pas douée pour le jardinage – pas assez de patience – mais elle entretenait tout de même la pelouse minable qui se trouvait derrière la maison. Il lui arrivait aussi, quand sa mère le lui rappelait, de planter des bulbes ou bien des graines. Grâce à Andy, elle ne vivait pas seule. Quelques années auparavant, lorsque l'animalerie locale avait brûlé, c'est chez elle que ce matou tigré avait trouvé refuge. Maintenant il faisait partie de la famille. Il restait allongé avec elle jusqu'à ce qu'elle s'endorme puis il sortait, ne réapparaissant qu'au petit déjeuner, afin d'obtenir une soucoupe de lait, du bacon et un déluge de taquineries grivoises sur sa nuit de folie présumée. Mo partageait avec lui son petit déjeuner, mais le dîner consistait en restes de la cantine du poste ; des saucisses froides, des bouts de couenne, des croûtes de pain en tranche imbibées de lait. Bella, le cuistot de la cantine, supposait que Mo gardait tout ça pour elle simplement parce qu'elle était trop radine pour acheter sa propre nourriture. Grosse vache. Maman lui avait un jour offert de lui acheter une perruche : un oiseau aussi laid qu'ennuyeux.

La maison était à la fois confortable et tristounette. Mo s'en rendait compte les rares fois où elle recevait du monde, mais malgré tout elle ne trouvait pas la force de l'égayer. C'était un refuge. La seule tentative de décoration consistait en deux photos près de son lit : une de ses parents, l'autre de Maggie. Elle avait acquis les meubles du trois pièces lors d'une vente à Heal et acheté une grosse télé couleur avec l'argent hérité à la mort de son père. C'était une télé allemande, équipée d'une télécommande, ce qui lui permettait de ne pas réveiller Andy quand il dormait sur ses genoux. L'année passée, Mumsy s'était rendue en Espagne – un voyage réservé aux plus de soixante ans – et lui avait envoyé un âne en paille équipé de paniers destinés à recevoir salière et poivrière. Il trônait sur le dessus de cheminée, avec le calendrier. Pas d'étagères pour les livres. Mo ne voyait pas l'intérêt d'acheter des livres alors qu'on pouvait les emprunter à la bibliothèque. Néanmoins, elle en possédait un. Maggie le lui avait offert, lors de leur dernier anniversaire ensemble, un livre de reproductions de Gustav Klimt. Il reposait à la place d'honneur, sur la table basse.

Elles s'étaient rencontrées au Club Gateways la toute première fois où Mo s'y était rendue. Bonne pub pour l'endroit. Elle avait pris son courage à deux mains, passé une bonne heure à décider comment s'habiller, avalé quelques whiskies dans un pub, puis s'était pointée à l'adresse découverte sur une porte de toilettes. Au bout de cinq minutes, cette fille s'était dirigée vers elle et l'avait invitée à danser. Aussi simple que ça. Mo vivait alors avec ses parents, et, ayant fini ses études, cherchait un boulot. Maggie, quant à elle, faisait les beaux-arts, afin de devenir styliste. Pendant trois incroyables années elles avaient partagé un appart au dessus d'un supermarché de Earls Court. Tous les jours Maggie se rendait à la fac, pendant que Mo travaillait comme serveuse dans un pub du coin. Personne n'avait jamais rien dit. Des tas de filles partageaient des appartements dans les sixties.

C'était arrivé juste après son vingt-deuxième anniversaire, celui du livre. Elle avait été surprise, en rentrant de son boulot au Boltons, de découvrir que l'appartement était plongé dans l'obscurité. Alors qu'elle ouvrait la porte une femme flic lui avait doucement touché l'épaule en lui disant :

– Mlle Faithe ?

Elle lui avait demandé l'autorisation d'entrer et, une fois installées dans le salon, lui avait apprit comment Maggie avait été tuée sur l'autopont : sa voiture avait fait un dérapage sous la pluie avant de s'encastrer sous un camion. La petite voiture de sport rouge de Maggie avait un toit trop fragile. Mo avait écouté en silence avant de fondre en larmes sur l'épaule de l'agent. Tout ceci était toujours aussi frais dans sa mémoire, jusqu'à l'odeur de laque de cette femme, ou les petites mèches blondes qui dépassaient de son couvre-chef et pendouillaient devant chaque oreille. Certaines jeunes filles deviennent infirmières parce qu'elles ont subi une grosse intervention pendant leur enfance ; Mo, quant à elle, devint flic.

Elle était retournée s'installer chez ses parents à Tower Hamlets en attendant d'avoir mis assez d'argent de côté pour obtenir un emprunt logement. Les possessions matérielles avaient représenté peu de chose pour elle et Mag. Elles n'avaient en fait pas accumulé grand chose au cours de leurs trois ans de félicité conjugale. Mo en avait été heureuse car cela lui permettait de repartir sur de bonnes bases. Tout ce qu'elle possédait (l'appartement était un meublé) se résumait au livre et à la photo qui ornait sa table de nuit : Maggie sur la plage de Brighton, bronzée, souriant en faisant la grimace parce qu'elle avait le soleil dans les yeux. Elle avait dû vendre beaucoup de leurs vêtements afin de payer les arriérés du loyer.

Comme la police ne trouva pas tout de suite de parent proche, Mo dut identifier le corps. Le choc de la découvrir exposée dans la chapelle de l'hôpital avait été à la fois violent et étrangement apaisant. La mort accidentelle était tellement déraisonnable que son cerveau réclamait une preuve solide que sa maîtresse n'allait pas réapparaître le lendemain soir, avec une petite ecchymose sur la tempe et une histoire malicieuse sur les infirmières des urgences.

L'aspect secret de leur relation avait été le pire. Pas une seule amie femme. Elles avaient vécu sur leur propre petite île de bonheur. Aucun des parents de Maggie ne s'était douté qu'elles étaient autre chose que des amies. L'enterrement avait été une torture du seul fait de devoir s'asseoir avec la famille et de les laisser l'accaparer – eux qui ne s'étaient jamais intéressés, de près ou de loin, à ce que devenait Maggie.

Depuis Maggie, il n'y avait eu personne. Mo s'était engagée, avait travaillé dur et n'avait que peu folâtré. Bien sûr elle avait désiré des femmes, mais le désir n'était que le désir : une satisfaction, comme l'occasionnel cigare, ou un verre de porto. Maggie l'avait aimée, et cela lui suffisait. Quand elle avait le blues, elle pouvait toujours faire un câlin à Andy. C'était un gros chat et elle pouvait le serrer très fort avant qu'il ne se plaigne. Elle s'estimait heureuse d'avoir simplement connu le véritable amour. D'après ce qu'elle pouvait déduire des récits des malheurs de ses collègues de boulot, Mo avait connu avec Maggie une passion rare.

– Bonjour, sale bête. Viens là !

Mo hissa un Andy serein sur son épaule avant d'ouvrir la porte. Il frotta sa tête contre son cou et se mit à ronronner à son oreille, sans avoir l'air de vouloir descendre de son perchoir une fois qu'il furent à l'intérieur. Mo lui parla, tout en accrochant son casque et en retirant ses chaussures. Elle passa dans la cuisine pour faire du thé.

– Alors And, qu'est-ce que t'as fait aujourd'hui ? T'es sorti avec les minettes, hein ? Elles t'emmerdent déjà ? Vilain salopard ! Bon, voyons le menu de ce soir.

Elle versa le contenu d'un petit récipient en plastique dans son écuelle.

– Des saucisses, des haricots et un beau morceau de hareng. Mince alors !

Se secouant enfin, Andy atterrit lourdement sur le lino et s'attaqua à sa nourriture, sa queue s'abaissant lentement – un bon baromètre de son bonheur. Mo remplit la bouilloire, jeta quelques sachets dans la théière, et disposa quelques harengs sous le grill. Elle s'assit en baillant, se grattant le cuir chevelu, qui la démangeait à cause de la chaleur du casque, et alluma la radio. Une joyeuse station londonienne dont les pubs étaient aussi stupides que les jingles.

« Et nous finissons notre bulletin de six heures avec l'histoire d'un homme qui à écrit un livre tout à fait unique. Damien Bell vient juste de publier un ouvrage où chaque chapitre est suivi d'une version alternative. Vous pouvez lire la version heureuse imprimée sur papier rose ou la version triste sur papier bleu. Les éditeurs de M. Bell affirment qu'il leur a demandé l'ensemble sur des feuilles prédécoupées, afin que l'on puisse arracher à l'endroit voulu les pages en trop… ».

– C'est complètement con, marmonna Mo en retournant les harengs.

Le téléphone sonna. Elle jura et éteignit le grill. La bouilloire étant arrivée à ébullition, elle remplit la théière avant de se rendre dans le hall.

– Allô ? Oh, bonjour, euh, désolée mais je ne suis pas douée pour… oh, May. Salut, May. Comment ça va ?… Bien… Ce soir ? Eh bien… OK. Vers quelle heure ?… D'accord. Et tu pourras passer par ici ?… Tu te souviens de l'adresse ?… D'accord, May. On se voit dans une heure. Merci pour ton appel. A plus.

Mo retourna dans la cuisine et ralluma le grill. Elle se versa une tasse de thé noir bien fort, y ajouta quelques gouttes de citron préconditionné, et se rassit. Andy avait fini son repas et se frottait contre ses chevilles. Elle songea au coup de téléphone.

– Sacrée Nora !

Vendredi Cinq

En chemin, Evelyn fit un arrêt dans une station service faire le plein pour le voyage du lendemain et s'aperçut que son portefeuille, son chéquier ainsi que son parfum avaient disparu de son sac. Habitué aux Peake et à leurs crises, le petit pompiste leur dit qu'ils pourraient payer un autre jour. Ils retournèrent chez Moshinski, mais la serveuse ne fit que fixer Seth en leur disant que, non Madame, elle n'avait rien trouvé. Ils repartirent chez eux.

– Dieu merci la carte d'identité était vieille et le chéquier presque vide. J'ai une nouvelle carte et un chéquier neuf dans une enveloppe sur la table de l'entrée. Je vais faire opposition par téléphone pour les cartes de crédit. Le parfum, c'était mon préféré. Je suppose que je dois aller faire une déclaration. Oh, la barbe, bon sang ! Je vais te déposer pour que tu fasses tes bagages.

Le frigo n'avait pas encore été vidé. Son contenu servirait au dîner. Seth chipa une tourte au porc et ressentit aussitôt le contentement d'un vrai retour au foyer. Arrachant sa cravate et déboutonnant sa chemise, il grimpa au premier, un chat sur ses talons. L'uniforme détesté fut précipité dans un coin de sa chambre – qui était anormalement bien rangée – et il revêtit à la place une paire de jeans délavés et un sweat en coton informe. Puis, s'abandonnant avec délice au plaisir de marcher sur de la moquette, il fit le tour de la maison, ses robustes chaussures noires à la main.

Récemment, lui et Venetia avaient été autorisés à redécorer leur chambre, avec évidemment un certain contrôle. Evelyn était une grande adepte de l'expression libre. Elle avait d'ailleurs librement laissé parler ses goûts, un peu partout dans le reste de la maison. Il y avait des peintures et des dessins dans toutes les pièces, et son dégoût, très italien, pour le fouillis jurait irrésistiblement avec l'esprit fin victorien de l'endroit. Le classicisme moderne des couleurs et des meubles était gentiment corrompu, ici par une guirlande de feuilles de marijuana en plâtre, là par un fragment de vitrail plein de fioritures. Seth se rendit en dernier au cabinet de travail de Père. A moitié moqueur et à moitié sérieux, Huw Peake avait déclaré qu'il trouvait injuste qu'on lui refuse l'expression libre, sous prétexte qu'il était daltonien. A moitié amusée et à moitié irritée, Evelyn lui avait accordé sa bénédiction, bien que ce soit elle qui règlât la note.

Les murs étaient blancs, il y avait des stores vénitiens aux fenêtres. Ainsi qu'un bureau avec un téléphone, une lampe et une machine à écrire, une bibliothèque à l'aspect strict, une corbeille à papier et deux chaises à dossiers durs. Il n'y avait ni tableaux, ni moquette, à l'exception d'une petite carpette sous le bureau. La seule touche originale dans cet ensemble spartiate était une cage à hamster qui prenait la poussière sur la plus haute étagère. A l'origine, elle avait été mise là sept ou huit ans auparavant, à la mort de la bête, alors que les enfants étaient encore bouleversés, puis elle y était restée par manque d'explication rationnelle susceptible de justifier son déménagement aux yeux du docteur Peake.

Seth se rappelait très bien la mort de Fifi (diminutif de Fiordiligi). Une femelle hamster agressive qui prenait plaisir à mordre la jeune main qui osait la nourrir, elle avait développé une tumeur du cerveau.

Il remit le couvercle sur la machine à écrire avant de la poser sur le sol. Puis il ouvrit le tiroir du haut du bureau. Les photographies. Il les sortit. Mère d'un coté, Père de l'autre et lui et Netia au milieu : la famille nucléaire. Il reprit la photo le représentant, ainsi que celle de son père, pour chercher les similitudes. Dans le style émacié, Père était beau. Il avait l'éclat ravageur du clochard d'un jour. Vers treize ans, Seth avait éprouvé du ressentiment à son encontre, mais uniquement dans la mesure où il pensait que c'était l'attitude à avoir. Ils ne s'étaient jamais disputés. Aujourd'hui, il aurait aimé le voir mort. Lui qui était si froid, toujours si rationnel, ne traitant jamais les enfants comme des enfants. Il riait des gens, pas avec eux. Il y avait en lui quelque chose qui n'était pas très masculin. Il avait certes un intellect « masculin », mais aussi une certaine timidité, qui choquait son fils.

Récemment, ils étaient allés rendre visite à des amis à Fulham et, sur le chemin du retour, s'étaient retrouvés bloqués dans un embouteillage causé par la foule à la sortie d'un match de football. De loin, ils distinguaient des flots bleus et blancs surgissant des entrées du stade qui entouraient les voitures de tête. Alors qu'ils se rapprochaient ils entendirent des bruits de verre brisé au milieu des hurlements. On apprit par la suite que l'équipe qui recevait venait de perdre un match. Mère, assise du côté passager, s'était tournée vers Père en criant,

– Pour l'amour de Dieu, Huw ! Arrête de les regarder et fais demi-tour !

Mais, pendant un moment, il était resté comme bloqué derrière son volant. Seth avait observé les gouttes de sueur naissantes qui dégoulinaient le long de ses tempes. Puis Netia avait perdu tout contrôle et hurlé pour inciter son père à agir. Sur le chemin du retour, personne n'avait fait allusion à son comportement. Ils avaient parlé de l'horreur de la foule, du manque de maintien de l'ordre et ainsi de suite. Mais, plus tard dans la soirée, Seth en avait reparlé à sa mère. Soudainement, son ton était devenu sérieux.

– Mon chéri, il arrive parfois à ton père de souffrir d'agoraphobie. Tu sais ce que c'est ? Tu vois, c'est à cause de la guerre. Il en a vu de dures, là-bas.

A chaque fois qu'elle prenait ce ton tendre pour parler de son père, ça le laissait perplexe. Il avait tenté de comprendre leur relation, mais n'arrivait à former qu'une analyse décousue, trop basée sur la déduction. Elle s'était sentie coupable d'abandonner Papy et Mamie pour faire carrière, et s'était dit que former sa propre famille pourrait certainement la racheter aux yeux accusateurs de son Dieu, le mariage étant un sacrement. Père se consacra à son histoire théologique, Mère à son enseignement et sa bonté : horrible mésalliance dissimulé derrière l'aspect civilisé des contraintes qu'ils s'infligeaient. Tenant pour acquis qu'elle l'aimait parce qu'elle était sa femme, il ne montrait aucun signe d'affection, seulement son acceptation des usages. Sa philosophie refusait d'admettre sa religion, sa misanthropie ridiculisait son civisme. Elle lui était trop reconnaissante d'avoir été là au bon endroit au bon moment pour admettre qu'elle ne l'aimait pas. Elle respectait son travail et pouvait presque comprendre leurs différences idéologiques.

– Personne, affirmait-elle, ne peut avoir rencontré les Nazis sans être effrayé jusqu'aux tréfonds de son âme.

Elle aimait suggérer que son inébranlable misanthropie était le souvenir d'une épreuve effroyable vécue dans l'enfer du champ de bataille. Mais Seth ne voyait là que le spectacle brillant produit par une imagination débordante.

L'intérêt de Huw Peake pour la théologie était totalement destructeur, car il était bien plus intéressé par l'anéantissement des mystères que par l'exploration des croyances. Il n'avait en lui pas la moindre trace du ravissement de Mère. N'ayant ni amour ni culte, il ne lui restait que le mépris et la terreur. Un homme qui n'a pas foi en la bonté innée de son prochain doit incontestablement se méfier de la constance de son public. Un homme dont la vie est vouée à la création de réalités concrètes ne peut que perdre courage à l'idée de leur destruction.

Seth, confirmé depuis un an aujourd'hui, ouvrit le tiroir et rangea ensemble les photos du père, de la mère et du fils. Puis, ses yeux tombèrent sur celle de Venetia et glissèrent sur celle de Mme Peake, maintenant dans l'obscurité du bureau. Il sourit au souvenir des tours qu'ils s'étaient joués. Venetia, Mère et Mamie se ressemblaient de manière frappante, et pourtant Mère avait grandi quelconque, alors qu'on lui répétait inlassablement combien sa propre mère était jolie. Elle avait, elle aussi, utilisé le procédé, en fourrant dans le crâne de Netia qu'elle ressemblait à Mamie, qui avait jadis été si belle. En fait aucune des trois n'était particulièrement belle, mais l'évolution de l'amour-propre des deux dernières générations avait eu un effet saisissant. Mère fixait le sommet du cadre de la photo, à la fois tranquille et distante, comme pour dire « Et alors ? Je ne suis peut-être pas Vivien Leigh, mais vous avez vu cette force de caractère ! ». Par contraste, on avait apprit à Venetia à utiliser son visage pour séduire. Bien que ce soit simplement celui de sa mère en plus jeune, ses yeux pétillaient et ses lèvres avaient cette légère moue qui les différenciait. Seth l'avait un jour observée, assise dans un coin avec un miroir, en train d'apprendre comment pincer ses narines. Sur la photo, elles étaient pincées avec assurance.

Venetia serait bientôt là. Pas une fois depuis leur enfance elle n'avait raté Trenellion. Une fois, on l'avait même emmenée là-bas couverte des marques d'un accès sévère de varicelle. Bien que sachant qu'elle allait se disputer avec Mère pendant le voyage et souvent s'ennuyer à mourir, elle avait refusé par deux fois des propositions de voyage à l'étranger bien plus intéressantes, rien que pour être trimballée pendant des heures dans une Volvo vers un endroit où elle avait juré ne jamais retourner.

Elle avait adopté Seth instantanément, presque seize ans auparavant, ravie de l'arrivée d'une poupée vivante à la maison. Entourée des objets de sa vie de famille miniature, elle le grondait pour son incapacité à voir le thé invisible qu'elle lui préparait, avant de le serrer contre sa dure petite poitrine pour calmer ses larmes d'incompréhension. En grandissant elle avait découvert les bienfaits du silence et, pendant qu'elle était absorbée dans la lecture d'un manuel de classe, Seth apprenait lui aussi à apprécier le calme. Assis tranquillement dans un coin, il dessinait ou faisait semblant de savoir lire. Il passait quasiment autant de temps avec sa mère qu'avec sa sœur, et ne ressentit jamais aucune jalousie jusqu'à ce que, aux alentours de son septième anniversaire, Netia régresse dans ses démonstrations de tendresse et abandonne sa calme affection au profit d'étreintes et de roucoulements infantiles. Il fut d'abord effrayé par ce nouvel étalage, puis dégoûté quand il s'aperçut que ça n'arrivait qu'en présence de Mère. Sentant toute l'agressivité déployée par sa sœur, il décida de prendre du recul et de se consacrer plus entièrement à la pratique solitaire de la musique.

Seth mit la photo de sa sœur par dessus celle de sa mère. Du tiroir, son sourire paraissait impertinent. Il était extrêmement jaloux de son assurance. Elle ne rougissait jamais, ne transpirait jamais, ne faisait jamais rien tomber et, si cela arrivait, on pouvait être sûr que l'objet serait intact. Venetia n'avait pas d'accidents. Sa vie ne comportait ni boutons ni plombages, ni froissements ni déchirures. Vu qu'il ne lui arrivait jamais rien, il se demandait si elle avait assez d'expérience pour apprécier l'étendue de sa bonne fortune. Mais combien de temps durait la chance ? Elle était du signe de la Vierge ; redoutable avec l'âge, ce qui était une consolation, mais il aurait aimé que quelque chose de fâcheux lui arrive maintenant. Il le souhaitait de tout son cœur. Juste un petit quelque chose : un geste symbolique qui réduise son orgueil démesuré, et ce, pour son bien.

Il entendit des bruits de pneus et ferma violemment le tiroir. Il y eut le cri étouffé d'un klaxon. Il mit les chaussures qu'il avait emportées avec lui, courut jusqu'à l'entrée et ouvrit la porte. C'était Netia et son ami de Cambridge.

– Seth chéri ! rit-elle. Qu'est-ce qu'ils ont fait à tes cheveux, mon pauvre bébé ?

Venetia jouait beaucoup la comédie. Et elle était très douée. Seth se souvint que son compagnon du moment était aussi son partenaire le plus récent. Un serpent bien habillé. Netia sortit de sa voiture d'époque et courut jusqu'à son frère pour l'étreindre. Sa poitrine était aussi dure qu'elle l'avait toujours été. Elle rit de plus belle et l'embrassa sur les deux joues, laissant des marques de rouge à lèvres. Son parfum était divin. Reculant un peu, elle l'étudia de bas en haut avec admiration.

– Eh oui. Il a encore grandi. Oh, comme c'est sexy ! grogna-t-elle en passant la main sur sa nuque rasée.

Le compagnon du moment la suivait avec ses valises, le cuir de ses semelles enfoncé avec satisfaction dans le gravier. Elle tournoya et rit encore. Venetia riait beaucoup quand elle n'avait pas vu quelqu'un depuis des mois.

– Benji, je te présente Seth Peake, héritier du nom, protecteur de son honneur et le seul frère qu'on m'ait permis d'avoir. Seth, voici Benji Buckhurst…

Elle passa à un zézaiement enfantin

– ...Mon ami et fiancé.

Rouge comme une tomate, Seth tendit une main dont s'empara Benji. Netia monta précipitamment les marches en lâchant un cri et un miaulement avant de bondir sur un chat qui traînait sur le porche.

– Enchanté de faire enfin ta connaissance, Seth, dit Benjamin. Ses yeux s'ouvrirent en grand sur le mot « enchanté » et il serra la main de Seth un peu trop longtemps. Sentant qu'il allait encore rougir, Seth se retourna pour monter les marches, trébucha et se rattrapa de justesse à la rampe. Netia s'esclaffa.

– Tes jambes sont trop grandes pour toi, on dirait. Tu chausses du combien ?

Seth la rejoignit.

– Du neuf, mentit-il.

– Oh pauvre garçon ! Benji ne fait que du huit.

Détestant Benji, Seth s'éloigna vers la cuisine. Dans des moments comme celui-là, il fallait cacher la plus grande partie possible du bas de son corps sous une grande table en pin.

– Où est Maman ? demanda Netia en s'asseyant.

Benji restait debout pour étudier minutieusement le dos des livres de cuisine.

– Oh. Elle est au commissariat. Quelqu'un lui a piqué son porte-monnaie, son chéquier et une bouteille de parfum quand elle est sortie cet après-midi.

Netia roula ses yeux en amandes de façon inexpressive.

– Non ! rit-elle. Quelle horreur ! On lui a piqué beaucoup ?

– Dieu merci, non. La carte d'identité était vieille et le chéquier presque fini. Elle ne devrait pas tarder. Elle est partie faire sa déclaration depuis des heures. Dieu sait pourquoi d'ailleurs, car elle ne doit pas avoir grand chose à déclarer. Je suis censé être en train de faire mes bagages.

– Tu parles ! Tu dois tout nous raconter, oui. Alors, sa seule certitude, c'est qu'ils ont disparu ?

– Dispâârus mais pas oubliés, entonna Benji d'une voix lugubre.

Lui et Netia s'écroulèrent de rire. Seth se leva pour aller retirer la bouilloire du feu. Alors que le sifflement de celle-ci s'atténuait, il les entendait toujours rire autant. Il se tourna et, souriant à moitié, leur demanda :

– Qu'est-ce ?...

Netia se ressaisit.

– Oh. C'est une citation du spectacle de ce trimestre, *Sizewell Revisited*. C'était trop drôle. Tu connais Bella ? Si, si, tu la connais. Bella Macpherson. Elle avait cette tirade brillante à propos de Brideshead et de l'Holocauste Nucléaire, travestie en Charles Ryder, et ça se terminait par, « Dispâârus mais pas oubliés ».

Elle rit encore mais s'arrêta vite.

– Ça fait des mois que je ne t'ai vu, chéri, dit-elle.

Seth posa la théière sur la table. Il ouvrit le frigo et en sortit une bouteille de lait.

– Tu peux y aller, dit-elle platement.

Il versa l'équivalent d'un pichet et rangea la bouteille.

– Nous avons été cambriolés il y a à peine deux semaines, intervint Benji.

– Oh mon Dieu ! répondit Seth. Ils ont volé beaucoup de choses ?

– Oui. Pas mal. Mais Perkins les a attrapés.

– Un détective ?

– Non, le garde-chasse, en fait.

Ils observèrent Venetia servir le thé, de façon irréprochable.

– Benji vit dans un vrai château, chéri.

– Vraiment ?

– Oui, confirma Benji.

– Où donc ?

– A côté de Buckhurst.

– Est-ce qu'il a un fantôme et un nom prestigieux ?

– Juste le Château de Buckhurst, répondit l'héritier.

– Oh, bien sûr. Suis-je bête.

Seth rougit et sa sœur aggrava la situation.

– Seth est le seul garçon que je connaisse qui rougisse ; qui devienne vraiment *rouge*.

Benji réussit à afficher un sourire amical.

– C'est un signe de délicatesse et de sensibilité aiguë, dit-il, comme s'il parlait avec tact d'un membre qu'il aurait perdu.

La porte d'entrée s'ouvrit.

– Maman !

Netia courut se jeter dans ses bras en riant.

– Bonjour, jeune fille. Ton parfum est divin. Seth, ma puce, est-ce qu'ils ont tenu des propos indécents ?

– Non. En fait, ils ont parlé de châteaux.

L'arrivée de cette alliée était bienvenue.

– Bonjour, Benji. C'est bien Benji, n'est-ce pas ?

Elle lui serra la main. Seth le fixa dans l'attente d'un tressaillement dû à la force inattendue de sa mère. Il y en eut un. Dieu bénisse Mère.

– Tu ne trouves pas la voiture de Benji fabuleuse ?

– Fantastique, dit-elle.

– Benji et moi avons fait une ballade merveilleuse en revenant de Cambridge. Il faisait si beau que nous avons descendu la capote, pour avoir le vent dans les cheveux. Et nous avons chanté des chansons si fort que certaines personnes que nous avons croisées ont pensé que nous étions saouls.

Elle se remit à rire avec son rire je-ne-t'ai-pas-vu-depuis-longtemps. Benji se leva.

– A propos, Buckhurst est assez loin et mes feux ne marchent pas. Je vais devoir y aller.

– Oh. Vraiment ? demanda Evelyn d'un air distrait.

– Oui, j'en ai peur, répondit-il, en serrant avec grâce la main de tout le monde.

Il sortit, Venetia sur les talons, qui lui fit des signes du haut des marches.

– Merci pour la ballade, *mein Engel*.

Le moteur vrombit, le klaxon retentit et le futur Lord Buckhurst disparut.

– Je n'avais pas fait le lien entre son nom et le château de Buckhurst.

– Oh, mon pauvre petit.

Mère rit gentiment, puis elle baissa la voix.

– Il a vraiment l'air d'un imbécile, tu ne trouves pas ?

Elle remarqua le thé.

– Oui, s'il te plaît.

Seth la servit et en renversa un peu sur la table. Il essuya les dégâts avec un mouchoir.

– Petit dégoûtant, grommela-t-elle avant de s'exclamer : Oh, la police !

– Ça a été dur ?

– Épouvantable ! J'ai dû attendre des heures, remplir un formulaire, puis un autre, donner des noms et des adresses, expliquer pourquoi je partais en Cornouailles, dire quand je reviendrai et ainsi de suite. Et enfin il a fallu que je m'assoie pour acquiescer poliment pendant qu'ils me relisaient l'ensemble. J'ai cru que je ne sortirais jamais.

Netia revint et posa la main sur l'épaule d'Evelyn.

– Bonjour, Maman.

– Bonjour, mon petit chou, répondit Evelyn en lui tapotant la main. Allons, assieds-toi et raconte-moi les dernières nouvelles pendant que je prépare quelque chose à manger. Seth, est-ce que tu as fait tes bagages ? Fais-les maintenant, s'il te plaît, pour que nous puissions charger la voiture ce soir et partir tôt.

Elles voulaient s'entretenir en privé.

Vendredi Six

– Salut. Génial. Je suis Gemme. Entre.

– Euh, bonjour. Je m'appelle Louise, dit Mo en entrant.

Des saligauds avaient qualifié ce genre de réunion de « séance de prise de conscience ». Deux semaines plus tôt, elle s'était retrouvée scotchée devant Channel 4 à suivre une de ces séances. Sept femmes intelligentes assises en cercle et parlant d'elles-mêmes. Pas d'hommes. Aucune ne jugeait les autres. Il ne s'agissait que de discussion et de solidarité.

– Bienvenue à Thornhill Square, Louise. Je suis désolée, mais c'est encore un peu la pagaille. Nous faisons tout nous mêmes et il y a beaucoup à faire.

Comme la porte se refermait derrière elle, Mo réalisa que la curiosité qui l'avait poussée jusqu'ici ne désirait maintenant plus qu'une chose : rentrer à la maison.

– Suis-moi en bas. Nous nous sommes installées au sous-sol vu que c'est le seul endroit à peu près rangé.

Tout en la suivant, Mo laissa vagabonder son regard autour d'elle. Au moins trois étages. Tous à elles. La fille devait à peine avoir vingt-deux ans. Après avoir jeté un coup d'œil à la quantité de meubles protégés par un drap, Mo était prête à parier qu'il s'agissait d'une assistante sociale. La pièce était grande, quelques marches conduisaient à un jardin envahi par la végétation. Dans un coin, un gros chien hirsute dormait sur le sofa, et, sur des poufs, se tenant droites comme des i, se trouvaient deux femmes.

– Bon, je vous présente Louise. Louise, voici Emma et… euh…

– Fay.

– Oui, Fay.

– Salut.

– Salut à toutes.

– Salut.

Mo reconnut Emma. Elle vivait avec sa sœur à quelques rues de Lydia Villas. Elle ignora son sourire complice.

– Bien. J'ai l'impression que nous ne serons pas plus nombreuses aujourd'hui. Louise, si tu veux bien t'asseoir sur le futon… oui, le truc qui ressemble à un matelas, c'est ça. Super. OK ?

Ça fait désespérément classe moyenne, ma petite poule, songea Mo, en la regardant s'asseoir de façon calculée sur un pouf.

– Hé, on est voisines, non ? lui demanda Emma, le genre plutôt mignonne avec ses cheveux roux coupés courts et sa salopette en jean rose.

– Eh bien... c'est ce que je me demandais. Lydia Villas ?

– Panton Street. Tout en haut, la deuxième à gauche.

– Oh. Exact.

– Des contacts, des prises de contacts. Voilà ce dont il s'agit, dit Gemma d'une voix idiote.

Derrière elle, accrochée au mur, se trouvait la célèbre photo du manifestant introduisant une fleur dans le canon du fusil d'un soldat. Il y eut une pause qu'elle interrompit en tapant dans ses mains.

– Bien, écoutez-moi, nous ne tirerons vraiment profit de ces séances que quand nous nous connaîtrons toutes un peu mieux. Je propose donc que nous discutions de tout et de rien. OK ? Parce que ces réunions peuvent vite devenir très formelles, avec des sujets planifiés, des intervenants et tout un tas d'autres merdes, aussi je pense que nous devrions essayer d'éviter ça. Comme je suis la poire qui a eu cette brillante idée, c'est moi qui vais me jeter à l'eau et commencer, puis selon vos réactions nous irons là où la conversation nous mènera. OK ?

Elles soupirèrent de soulagement. Gemma s'humecta les lèvres, fixa le tapis et commença.

– Bon, vous voyez, j'ai la vingtaine, OK, et j'ai dû avoir, je ne sais pas, trois relations amoureuses à long terme, ainsi que la série quasi obligatoire de coucheries à droite à gauche, mais la seule chose que j'ai vraiment envie de faire, en fait la seule que je dois peut-être faire, c'est coucher avec une femme.

Tu ne risquerais pas de fermer l'œil de la nuit, songea Mo. La porte s'ouvrit.

– Salut tout le monde.

– Oh. Je vous présente Robin qui fera des choses très utiles, comme nous faire du thé.

– Salut.

– Salut.

– Salut.

– En fait, je ne vous ai apporté que du jus de pomme. Est-ce que ça ira ? Je n'avais plus de lait.

– C'est parfait. Merci.

– Bon, je retourne à mes fourneaux.

– En plus d'être mignon, dit Gemma, il fait un pain aux dattes fabuleux.

– Bien, c'est aussi quelque chose qui m'inquiète, dit Emma. Je trouve que les hommes sont trop possessifs vis-à-vis des femmes, et que les femmes, quant à elles, sont trop possessives, non pas vis-à-vis des hommes, mais vis-à-vis de la notion d'hommes. J'estime qu'un mec devrait être prêt à laisser sa femme coucher avec une autre fille parce que je pense qu'ils pourraient tirer tout deux un enseignement très précieux de l'expérience. Je pense que les hommes devraient, au moins, songer qu'il y a autre chose que le rapport vaginal.

Mo prit une gorgée de jus de pomme. *De la pisse*, pensa-t-elle. Fay, qui avait l'air complètement déplacé avec sa minijupe et son rouge à lèvres, se fit entendre.

– Euh, peut-être que je suis vieux jeu, ou conditionnée ou je ne sais quoi, mais... et ça me fait culpabiliser parfois... mais j'ai vraiment, eh bien, essayé d'autres pratiques mais...

Mo l'écoutait s'emmêler les crayons et essayait de l'imaginer la jupe retroussée jusqu'aux oreilles.

– Je me suis rendu compte que j'en avais besoin. D'un homme. Rien d'autre ne marche pour moi.

– Et toi, Louise ? demanda Gemma.

Je ne dirais pas non, songea Mo.

– C'est super avec une femme, dit-elle.

Elle avait complètement vidé son verre et le posa sur le sol.

– Franchement, pour ce qui est des hommes je n'y connais rien.

Fay changea de position, l'air gêné. Gemma était fascinée. Une gouine en 3-D. Avec une cicatrice. Assise là, sur son futon.

– Alors tu te définis comme homosexuelle ? lui demanda-t-elle.

– Je suppose, dit Mo.

– Tu ne trouves pas que ça limite ta sexualité ? Je pense que le séparatisme est un vrai danger.

– Écoute, ma chérie. Tu es une femme, pas un homme, ni une moto. Je suis gouine. Tu ne manges pas de tripes, parce que l'aspect et l'odeur t'ont vite fait comprendre que tu ne ratais pas grand chose ; eh bien, c'est pareil pour les mecs.

Des rires flatteurs. Une gouine, ainsi qu'un sacré personnage. Robin revint avec un plat de galettes.

– Tu as déjà couché avec un mec, Robin ? lui demanda Mo.

– J'ai bien peur que non.

– Laisse-le en dehors de ça, dit Gemma avant qu'il ne se retire.

– Est-ce que ce n'est pas injuste de ta part d'être jalouse de lui et d'espérer qu'il te laisse coucher avec n'importe qui ? demanda Mo. *Discussion et solidarité mon cul.*

– Ce n'est pas la même chose.

Gemma lâcha un petit rire tendu.

– Le sexe c'est le sexe, n'est-ce pas ? suggéra Emma.

– Mais... est-ce que c'est vraiment aussi bon avec une fille ? demanda Fay, qui devenait lascive.

– Écoute. Tu n'as aucun besoin de prendre la pilule, tu ne te retrouves pas avec son foutre qui dégouline le long de ta cuisse, et tu ne te réveilles pas le lendemain couverte de bleus à cause de sa recherche musclée du « bouton de mise en route ».

Ce fut sa dernière participation. Cette dinde de Gemma avait sauté sur la référence à la pilule pour orienter le reste de la conversation sur des sujets « hétéros ». Se sentirait-elles plus rassurées pendant les rapports grâce à une « pilule masculine » ? La stérilisation diminuait-elle plus la femme ou l'épouse ? Et ainsi de suite. Mo essaya d'avoir l'air choqué devant tant de rejet éhonté, puis elle se souvint que c'était elle qui avait demandé à venir.

Quand ce fut l'heure de partir, elle laissa son faux nom et son téléphone, par habitude, puis commença à retirer la chaîne de sa moto.

– Je donne un faux nom, moi aussi, dit Emma. Le vrai, c' est May.

Puis, alors que Mo se débattait sur sa BMW avec les sangles de son casque, elle apprit non seulement que May vivait tout près de chez elle, mais en plus celle-ci confirma les doutes qu'elle nourrissait depuis longtemps sur le fait que la femme avec qui vivait May n'était pas sa sœur mais sa maîtresse depuis neuf ans. Et qu'elle ne laisserait certainement pas s'enfuir sa voisine, aussi peu disposée qu'elle soit, sans lui avoir donné son vrai numéro de téléphone. Mo avait accepté. Le coup de téléphone de ce soir était le résultat d'une menace.

Vendredi Sept

Evelyn et sa fille écoutèrent le bruit des pas de Seth s'éloigner dans l'escalier, avant que Netia ne prenne la parole.

– Quel malheur pour ton porte-monnaie.

– Mon portefeuille ?

– Oui, c'est ce que je voulais dire. Où es-tu allée aujourd'hui ?

– Partout. Mais je suis sûre que c'est arrivé à l'exposition d'Ilena, près de Waterloo Bridge. J'ai payé mon ticket et, à ce moment-là, il ne manquait rien dans mon sac. Si Seth n'avait pas payé à la pâtisserie, je me serais sûrement aperçu de quelque chose avant.

– Ah, vous avez accompli le rituel pour la dernière fois ?

Venetia se rendit compte que ça n'avait rien de drôle. Elle était à la maison. Il y eut un silence, puis Evelyn se leva rapidement, vida sa tasse dans l'évier, et ouvrit le frigo.

– Qu'est-ce que je suis censée faire comme repas avec du pâté, des harengs, de la purée, des œufs, un demi citron et du fromage ? demanda-t-elle en jetant un coup d'œil dans divers boîtes et sachets.

– Garde le citron pour décorer, puis essaye de préparer une sorte de hachis poisson purée. Tu serviras le pâté en entrée avec des toasts, et pour finir les bikkies et le fromage.

– Tu es un génie. J'avoue avoir du mal à me concentrer ce soir.

Evelyn alluma la vieille radio perchée sur le frigo. Radio 3 : « Et maintenant, pour poursuivre sur notre thème apocalyptique, un peu de Messiaen ; deux mouvements du *Quatuor pour la Fin du Temps* ».

– Ça va faire quinze jours que je n'ai pas eu mes règles, murmura Netia.

Le morceau de Messiaen commença. Evelyn découpa un hareng en deux.

– Pardon ?

– Je te disais que j'ai du retard.

– Oh.

– Et, avant que tu ne me le demandes, oui, je prends toutes les précautions possibles et imaginables ; et, donc, les chances pour que je sois enceinte sont d'une sur des millions. Je me sens crasseuse.

– Ma pauvre chérie. Est-ce que ça arrive souvent ?

Les harengs, maintenant réduits à l'état de bouillie, étaient progressivement dissimulés par une pluie de fromage râpé.

– Jamais. D'habitude, je suis réglée comme une foutue bombe à retardement.

– Il n'y a pas grand chose que je puisse dire qui t'aiderait, n'est-ce pas ?

– Non.

– Pas de douleur, juste une certaine tension ?

– Ouais.

La musique jouée par le quatuor allait crescendo. Des oignons légèrement déshydratés et un poivron rouge rejoignirent le mélange poisson fromage. Trois plâtrées de purée plus tard, l'ensemble atterrit au fond d'un mixeur électrique, contre les lames immobiles. Pendant qu'Evelyn se battait contre une pile de casseroles en fonte, Netia méditait sur la place de la femme dans la société. Ou plutôt, elle méditait sur sa situation de femme visiblement enceinte sans qu'il y ait d'explication rationnelle.

Elle s'apercevait maintenant bien plus objectivement que son cercle d'amis à Cambridge était totalement asexué ; rien que du blabla et peu de cette réalité qui vous prend aux tripes. Elle connaissait des débutantes refoulées qui s'exprimaient comme des charretiers durant les soirées, mais qui s'enfuyaient dès les premiers verres cassés. Elle connaissait aussi des « fils à papa », qui entretenaient des rires bien virils mais avaient très certainement couché avec d'autres garçons durant le lycée. Par sécurité, ils se déplaçaient en troupeaux, et, parfois, après s'être bourré la gueule, sautaient une pouffiasse malchanceuse de la section biochimie, qu'ils avaient vite fait d'oublier. Il y avait enfin ceux pour qui la perversion n'était que de pure forme : des créatures désensibilisées, purifiées par leur lignage, comme ce cher Benji. Ces soirées étaient une course d'obstacle où l'on devait gagner sa réputation tout en conservant une intégrité un peu floue. Deux ans auparavant, quinze jours à peine après son arrivée à la fac, Netia avait découvert que la calomnie était l'armure idéale contre la mauvaise réputation. Au sein d'une société où proclamer sa virginité était un signe de faiblesse féminine, il valait mieux qu'elle dissimule son secret derrière le paravent formé par les ragots issus de la jalousie. Ça lui demandait peu de choses : rire au bon moment, un soupçon de débauche de temps en temps. Elle se retrouvait ainsi avec un honneur intact. Suivant ce procédé, elle jouait donc une sorte de double jeu avec Benji. Unis par leur mépris commun, ils organisaient des soirées costumées qui pouvaient être décrites comme « décadentes », mais qui, au lieu de jeter le jour sur la nature de leur vie sexuelle ou la pureté de leur relation, ne faisaient que renforcer le doute.

Après qu'Evelyn eut pressé un certain bouton, le poisson, les œufs, la purée, les oignons, le poivron et le fromage ne firent plus qu'un.

Quand elle aurait passé ses examens de dernière année, Venetia voulait visiter New York. Il lui serait facile de s'inscrire en recherche, mais il fallait que ce soit à l'étranger. Si ce n'était pas la recherche, ce serait la publicité – l'aspect créatif bien sûr. Elle savait qu'elle serait comme un rat quittant un navire en train de sombrer, mais l'héroïsme suicidaire derrière cet énoncé péjoratif des choses la laissait froide et souriante. Les Américains étaient si affables, leurs intellectuels étant tellement réceptifs à la Grande Connerie Littéraire. Elle observa le dos puissant de sa mère, occupée devant la cuisinière, et se mit à haïr les valeurs seventies qu'il représentait : l'autosuffisance, faites-le-vous-même, exigez-vos-droits, prenez-ce-qui-est-à-vous, plantez-un-arbre, sauvez-une-baleine. Qu'est-ce qu'elle en avait à foutre ? La vie était trop courte pour s'occuper des laissés pour compte. Elle voulait sortir, fumer, boire et s'amuser tant qu'elle était jeune, puis se laisser porter par la vie. Elle devait néanmoins apprendre à fumer, et elle regrettait que le sexe fasse partie intégrante de ses aspirations.

Un jour Papa l'avait touchée. Après le septième anniversaire de Seth, quand Maman était partie une semaine chez Mamie, il lui avait dit qu'il devait l'aider à se préparer pour se coucher. Alors qu'elle attendait dans l'eau savonneuse du bain, un peu décontenancée par cette présence masculine inhabituelle, il l'avait touchée. Toutes les nuits, jusqu'à ce que sa femme revienne, il s'était agenouillé sur le tapis de bain et l'avait touchée. C'était leur petit secret. Ils n'en avaient jamais parlé, mais aujourd'hui elle se souvenait de chacune des fois, et ça la troublait. Ce n'était pas qu'elle s'y cramponnait. Elle était la dernière personne au monde que l'on eût pu qualifier de névrosée. Elle conservait simplement à l'esprit toutes les possibilités. Ainsi que les jambes croisées.

– Quand est-ce que Papa revient à la maison ?

– Il ne revient pas. Il est déjà parti à Saint Jacobs.

– C'est plutôt soudain.

– Pas vraiment. Il voulait être seul quelque temps pour travailler.

Venetia perça un grain de raisin du bout de l'ongle.

– Oh, pour l'amour de Dieu, Maman, arrête de mentir. Je ne suis plus une enfant.

– Quoi ?

Evelyn se retourna, souriante, sincèrement perplexe.

– A propos de quoi vous êtes-vous engueulés cette fois-ci ?

Evelyn était incroyablement calme, stoïque.

– Netia, on ne s'est pas « engueulés » comme tu dis. Ton père avait simplement besoin d'un peu de paix et de silence, c'est tout.

– D'accord.

Elle détestait ce ton si calme.

– Je suis désolée. Pas d'engueulade. Pax vobiscum.

En quittant la pièce, Netia se mit presque à courir. Evelyn soupira et se remit au fourneau pour retourner les six croquettes de poisson qui fumaient dans la poêle. C'était sûrement assez liturgique pour Messiaen, pensa-t-elle.

Il y eut un grattement près des portes-fenêtres. En se tournant, pour voir qu'il s'agissait d'un chat qui patientait pour sortir, elle aperçut son reflet, le tablier autour de la taille, le visage rouge à cause de la chaleur, la spatule à la main : la parfaite petite femme – juste un peu trop grande pour jouer au hockey sur gazon avec les autres filles.

Elle avait épousé Huw alors qu'elle avait vingt-quatre ans et lui trente-huit. Elle avait toujours su que, pour une fille physiquement plutôt quelconque, la recherche d'un protecteur plus âgé et brillant intellectuellement, tenait quelque peu du cliché. Le cœur empli de l'œuvre de Daphné du Maurier et des sœurs Brontë, elle était restée aveugle au sexisme flagrant de leur rencontre. Une fois surmonté le choc initial provoqué par son athéisme, elle fut séduite par la pensée que l'ego devait jouer chez lui le rôle que Dieu jouait pour elle dans la consolidation de ses rêves. Elle se sentait capable d'aimer un homme athée à condition que son impiété ait une certaine envergure. Malheureusement, la rigueur d'esprit de Huw n'était pas celle de Marlowe. Sa croyance en l'incrédulité imprégnait l'ensemble de son comportement d'un aspect négatif peu appétissant. Là où sa femme répondrait à un gamin importun par « Peut-être », lui répondrait « Non ».

Elle avait eu son premier enfant à vingt-six ans, son second à trente. Une naissance difficile. La douleur causée par la venue au monde de Seth avait laissé sa trace dans leurs relations ; l'amour qu'elle lui portait était proportionnel à cette douleur. Elle trouvait en Seth un contrepoint sympathique à l'éclat plus simple de Netia. Seth pouvait briller lui aussi, tout comme Netia pouvait jouer les Médée, mais Evelyn avait le sentiment qu'au fond, son fils était quelqu'un de réfléchi, pas un play-boy. Elle alla jusqu'à la porte appeler les enfants.

La présence des enfants permettait d'apaiser le malaise provoqué par le fait de vivre avec un homme qui se moquait de la moindre référence qu'elle pouvait faire au sublime. Une maison, un mari, un fils et une fille formaient le matériau brut de son heureux mariage ; il ne lui restait plus qu'à attendre que l'esprit céleste approprié vienne accomplir un miracle transfigurant. Évidemment, la langue de feu en question n'apparut jamais, mais la présence des enfants, elle, avait créé dans leur couple un point de convergence et d'intérêt commun. « C'étaient les deux derniers mouvements du *Quatuor pour la Fin du Temps* d'Olivier Messiaen, interprétés par les musiciens de l'ensemble Gudrun, sous la direction de Gerry Hackett. Et maintenant, deux morceaux : *Après un rêve* de Fauré et *None But the Lonely Heart* de Tchaïkovsky, tous deux interprétés par Helmut Schreier, avec la participation de Daniel Grossman au piano ».

– Mes bagages sont faits et chargés à l'arrière de la voiture.

C'était Seth.

– Ça sent bon. Des rissoles cuisinés à partir de restes – ce que je préfère.

Elle sourit. Pas la peine qu'elle se retourne. Elle pouvait l'entendre mettre la table.

– Pourquoi Père est-il déjà parti en Cornouailles ?

– Il avait de nouvelles idées pour son livre et voulait un peu de temps pour lui.

– Passionnant. Tu as fait un pudding ou pas ?

– Non, juste du fromage, des bikkies et des fruits.

– D'accord. Alors trois couteaux.

Il apprécia son petit mensonge, il se sentait encore plus proche d'elle du fait qu'elle lui donne l'occasion de la protéger.

– Attention, voilà Neesh, continua-t-il gaiement.

Vendredi Huit

En s'éloignant de l'arrêt du bus, Mo confia à May :

– Tu sais, je ne suis jamais allée là-bas.

– Tu n'a jamais été au *Dragon Rouge* ? Mais d'où est-ce que tu sors ?

– Et c'est bien comme endroit ?

– Absolument fabuleux. C'est toujours bourré à craquer et les filles sont plutôt sympa.

– Tu as déjà entendu le groupe ?

– Non, mais les rumeurs disent qu'elles sont très bonnes.

– Et... euh... Josie ne voulait pas venir ?

– Elle déteste les pubs, elle dit que la fumée la rend malade. Tu fumes ?

– De temps en temps.

– Un peu comme moi. Mais pas à la maison évidemment.

May rit et plongea les mains plus profondément dans les poches de sa salopette. Elle était si décontractée et communicative qu'elle ne s'était pas aperçu de la nervosité de Mo. Comme elle passait inaperçu, la timidité de Mo avait disparu. May n'était pas vraiment masculine, mais il y avait chez elle une absence totale de timidité qui la rendait attirante, surtout par rapport aux minauderies de ses collègues de boulot. Mo était heureuse de ne pas lui avoir demandé ce qu'elle faisait comme boulot. Peut-être considérait-elle un travail classique comme pas assez branché. Quand May ouvrit les portes du pub, Mo se raidit un peu. L'endroit était plein à craquer. La fumée lui piquait les yeux, et les beuglements du juke-box ajoutés aux cris et aux rires de la foule – entièrement composée de femmes – la troublèrent et l'énervèrent quelques instants. May la dirigea vers le bar.

– On a juste le temps de boire un verre avant le concert, hurla-t-elle.

Elle jeta un coup d'œil à la montre d'infirmière qui pendait d'une des poches de sa salopette.

Mo se détendait au bar. Elle était en terrain connu. Elle sortit son portefeuille.

– Tu prends quoi ? demanda-t-elle.

– Oh. Merci. Un demi corsé pour moi.

– Quoi ?

– Corsé, bitter.

– Oh.

Mo se mit à rire avant de tousser.

– Deux demis de bitter pression, s'il te plaît ma chérie.

Pendant que la serveuse tirait les bières, May s'appuya dos au bar et jeta un œil sur la foule.

– Des connaissances ? demanda Mo.

– Ouais. Une ou deux. Bonsoir, Mand !

Elle agita le bras en conséquence.

– Et toi ? demanda-t-elle par dessus son épaule, des amies ?

– Non. Comme je t'ai dit...

– Ah, oui. C'est ta première visite. Merci.

Elle se saisit du demi.

– Il faut absolument que tu rencontres Mand. Elle est vraiment marrante. Elle tient l'auberge à côté de King's Cross.

– Oui, je vois laquelle.

Mo se retourna, elle avala une gorgée de bière. Une nana élancée, avec des cheveux très fins et des lunettes à monture en or s'approchait.

– Salut Mand.

– Bonjour, May chérie.

Les deux femmes s'étreignirent chaleureusement.

– Mand, je te présente Mo. Tu sais bien, la nouvelle voisine dont je t'ai parlé.

– Oui. Enchantée de faire ta connaissance, Mo.

– Bonjour, répondit Mo.

– Alors Mand, demanda May, qu'est-ce qui arrive à Trish ?

– Oh, mon Dieu, la pauvre petite. Tu te rappelles qu'elle avait des problèmes avec les égouts derrière la coopérative ?

– Ouais ?

– Eh bien, un type de l'urbanisme est venu lui dire que ça n'allait pas s'arranger et que, de toute façon, l'immeuble étant condamné, aucun argent ne serait débloqué. Du coup, elle a essayé de se battre pour faire valoir ses droits en occupant le terrain.

– Et ?

– Eh bien, sa petite fille, tu sais, Becky, a été victime d'une infection, et le médecin a dû en faire état. Du coup, ils lui ont fait savoir que, soit elle déménageait dans un de ces centres d'aide sociale de Bayswater, soit sa fille était placée.

– Non !

– Si. C'est ignoble, non ? Elle ne peut rien faire, évidemment. Je lui ai dit qu'elle pouvait venir chez moi, mais elle ne veut pas abandonner la coopérative. Le problème, c'est que maintenant il y a une réelle demande pour les affiches, les bouquins et les autres trucs, ça se vend vraiment bien, mais, à l'instant où elle sortira des lieux, ils rappliqueront pour couvrir l'endroit de planches, voire le raser.

– Merde !

Mand se tourna vers Mo.

– Alors Mo, tu travailles dans quelle branche ? demanda-t-elle.

– Je suis... dans l'aide sociale.

– Hey, vite ! (May la sauvait.) Elles arrivent. Allons devant la scène.

Mo avait aperçu, au fond de la grande salle insonorisée, ce qui pouvait passer pour une scène où deux femmes étaient en train d'accorder des guitares et de régler les amplis. May plongea dans la foule au moment où celle-ci se dirigeait vers la scène. Ses compagnes se mirent à pousser dans son sillage. Mo s'arrangea pour que May reste entre elle et son interrogatrice et, bientôt, elles se retrouvèrent, emportées par la foule, juste au bord de la scène.

– Nom de Dieu ! s'exclama-t-elle, elles ont intérêt à être bonnes.

– Elles le sont, déclara une inconnue aux nattes bleues, j'les ai vues au concert donné au profit des manifestantes de Greenham la semaine dernière. Putain de spectacle.

– Super, dit Mo vaguement, contente d'être en civil.

Les deux femmes quittèrent la scène, les lumières s'éteignirent, et deux projecteurs illuminèrent le mur du fond alors qu'une voix féminine venue des enceintes interpellait la foule.

– Et maintenant, faites un accueil chaleureux aux Grâces !

Des acclamations et une salve d'applaudissements enthousiastes. Mand poussait des cris de cow-boy. Trois filles entrèrent en bondissant dans la flaque de lumière : les deux qui venaient à peine de quitter la scène, et une troisième, qui retint immédiatement l'attention de Mo.

Petite, à peine plus d'un mètre cinquante, les cheveux bouffants coupés courts, presque blancs. Le rouge vif de ses lèvres et de son bleu de travail donnait l'impression que ses mains et son visage étaient presque sans couleur. Elle se jeta sur le micro, un saxophone pendu au cou, pendant que les deux autres prenaient place à la guitare et à la batterie. Elle empoigna le micro, souriant malicieusement au public, jouant avec leur impatience, puis murmura simplement, dans un souffle, avant de commencer le premier morceau :

– Salut tout le monde.

Dès le début, il était clair qu'elle était le noyau autour duquel le groupe s'était formé. Son dynamisme allié à la clarté de sa voix, jeune et sèche, empêchait quiconque de la quitter des yeux pendant qu'elle dansait et chantait. La chanson était un vieux tube lifté grâce à de nouveaux arrangements. Durant l'intro, elle hurla les paroles bien connues et fit sourire du fait du nouveau sens qu'elle leur donnait.

– Cette chanson est dédiée à tous les types persuadés que leurs baisers sont aussi doux que des bonbons ; eh bien, le miel les bat à plate couture…

Le concert dura près de trente minutes, et les yeux de Mo restèrent fixés sur la chanteuse pendant chacune d'entre elles. Elle était parfois sage, parfois sauvage, mais conservait un air innocent. Il y avait, dans ses gestes, une impression de mimétisme ; comme une enfant précoce s'amusant devant un miroir avec les vêtements et le maquillage de sa mère. Le schéma fut le même pendant tout le concert : le groupe reprenait des chansons qui étaient devenues des classiques de la radio, tout en les dépouillant de leur contenu hétérosexuel. Les chansons étaient toujours chantées par des filles, mais le sens avait changé. La fille que fixait Mo, debout devant elle, terminait chaque morceau par une improvisation au saxo. Son jeu était si assuré que l'instrument était comme la continuation de sa voix. Elle l'utilisait pour jouer avec chaque mélodie, de la même façon que sa performance avait joué avec chaque texte. Mo était fascinée. Elle n'avait pas assisté à une performance live depuis Maggie. L'adhésion déclarée des spectateurs la faisait se sentir trop âgée. A chaque fois que May se penchait vers elle, entre les morceaux, pour lui dire : « Bien, non ? », Mo se contentait de grogner son contentement en gardant les yeux fixés sur la chanteuse. Elle se fichait pas mal de se faire remarquer, vu qu'elle savait déjà qu'elle ne remettrait pas les pieds ici et qu'il était peu probable qu'elle revît jamais les autres femmes présentes. Elle regardait la minuscule chanteuse, avec l'intention, un peu enfantine, de conserver dans sa mémoire chaque mouvement, chaque inflexion, et de gagner, ne serait-ce que pour une seconde, un regard. La fille semblait bien trop aveuglée par les projecteurs pour remarquer un visage en particulier, mais Mo était tout devant, baignée par les reflets de lumières. Elle était persuadée qu'on pouvait la voir.

La dernière chanson était une ballade. Un rythme de caisse claire mesuré. La fille commença par jouer la mélodie sur son saxo, de façon basse et réfléchie, puis, soutenue par une guitare acoustique, elle se mit à chanter. Pour sa nouvelle maîtresse, lui racontant comment elles avaient communiqué grâce à des regards, des conversations entendues par hasard, ou encore des points communs inconscients : un amour partagé pour la chaleur, pour une certaine fleur ou une chanson. Et, tout en chantant, son regard erra lentement parmi les visages qui lui faisaient face, pour finalement se poser sur celui de Mo. Surprise, la première réaction de Mo fut de regarder ailleurs, mais elle se reprit et lui retourna son regard. Elle pensait que les yeux de la fille allaient continuer à vagabonder, mais elle se rendit compte qu'ils s'étaient arrêtés, et qu'ils la fixaient. Rassurée par la semi-obscurité, Mo releva le visage avec reconnaissance pendant le passage clef du texte de la chanson.

« Alors comment oses-tu me dire que notre premier vrai jour d'amour, c'est aujourd'hui ? ».

Les lumières s'éteignirent, la foule eut un mouvement vers l'avant et on l'entendit rugir son approbation.

– Incroyable ! Vraiment incroyable ! s'exclama May alors que les lumières se rallumaient.

– Ouais. Fantastique, dit Mo.

– C'est ma tournée. Venez.

May les guida vers le bar, noir de monde. La pièce redevenait un pub, avec sa clientèle assoiffée. May leur prit des demis, et elles s'assirent sur le bord de la scène. Derrière elles, les deux musiciennes remballaient leurs affaires ; la chanteuse avait déjà emporté son saxo avec elle. May et son amie avaient pas mal de choses à se dire et Mo était plutôt contente de s'asseoir en silence, et d'écouter à la fois le brouhaha qui l'entourait et leur discussion. Elles parlaient de manifestations, d'éponges naturelles, de réunions de groupe, de problèmes de sœurs-de-combat-contre-l'opresseur. Elle essayait de se souvenir la dernière fois qu'elle s'était rendue dans un pub pour autre chose que le travail. C'était à l'époque où elle travaillait au Boltons. Elle était alors une créature gaie, qui répondait aux taquineries de ses clients avec une répartie spirituelle. Ils l'avaient surnommée Mo l'impertinente.

Sur sa droite, Mand s'enthousiasmait pour les douleurs menstruelles.

– Oh, par tous les Dieux ! Voilà que ça recommence, gémit-elle. C'est toujours comme ça que ça se termine.

Elle indiqua du doigt une partie de sa colonne vertébrale et la frotta.

– C'est douloureux ? demanda May.

– Ça va, ça vient. Oh ! (Elle jura.) La seule chose à faire est de m'allonger et de lever les jambes.

Elle s'allongea sur la scène et releva les genoux.

– Sois un amour, May, appuies-toi sur mes jambes ; ça aide à redresser mon dos.

– Bien sûr.

Mo regarda ailleurs pendant que May se levait et s'appuyait lourdement sur les genoux de son amie en riant. Des spectatrices les regardaient d'un air à la fois amusé et compréhensif.

– Oh, ça c'est fantastique ! gémit Mand.

C'est là que Mo réussit à mettre le doigt sur l'origine de l'accent de Mand. Les environs de Liverpool. Elle avala une lampée de bière et se demanda s'il n'était pas temps pour elle de retourner auprès d'Andy.

– Comment t'es-tu fait cette incroyable cicatrice ?

Elle se retourna. La chanteuse s'était assise à côté d'elle. Elle portait un pardessus noir pour dissimuler le rouge voyant de ses vêtements. Mo répondit étourdiment.

– Un couteau. Un type armé d'un couteau.

– Merde !

– C'est une longue histoire.

– Je suis un bon auditoire.

Et c'est ainsi que, alors que tout ce qu'elle désirait c'était exprimer à quel point la performance de la fille avait été époustouflante, l'Inspecteur de Police Faithe se mit à raconter, de façon hésitante, sa rencontre avec Harman le violeur. Elle ne précisa pas qu'elle l'avait rencontré dans des circonstances professionnelles, mais se présenta comme une victime civique et courageuse, qui avait réussi à bluffer son attaquant. La fille l'écoutait avec attention.

– Ça te fait encore mal ? demanda-t-elle quand Mo eut fini.

– Si je prends un coup de soleil ; il n'y a plus de pigments.

– Désolée. Je n'aurais peut-être pas dû te demander de me raconter l'histoire. C'est juste que, pendant que j'étais sur scène je l'ai aperçue – enfin je veux dire je t'ai aperçue – et je... tu sais... j'étais curieuse.

– Tu as été brillante, Mo hésita. J'aurais aimé que ça ne s'arrête pas.

La fille rit.

– Vraiment ? J'aimerais en dire autant. Je déteste le son de ma voix.

– Pourquoi ?

Elle fit une moue de désapprobation. Mo analysait son accent. Le Sud de la Rivière.

– Je n'arrive pas à m'habituer à chanter. Il y avait une autre fille avant, Judy, elle fait partie de Big Sister maintenant ; l'attrait de l'argent évidemment. Moi, je restais derrière et je jouais de ça.

Elle tapota l'étui de son saxo.

– Après le départ de Jude, il fallait bien que quelqu'un chante, et, comme Bo et Denny ont toutes les deux la voix un peu rauque…

Mo rit, la fille aussi, leurs regards se croisèrent de nouveau. Mo baissa les yeux.

– Je peux t'offrir un verre ? demanda-t-elle.

– Non, c'est bon, j'ai ce qu'il faut, répondit-elle en sortant une demi-bouteille des plis de son pardessus.

Elle la porta à ses lèvres avant de l'offrir à Mo.

– Non merci, dit Mo.

Il y eut un autre silence. La fille le rompit.

– Je m'appelle Hope Linden, dit-elle. Un flic a trouvé mon père dans un cageot dans les jardins de Linden. Du coup c'est comme ça que les gens du refuge pour enfants trouvés l'ont baptisé. C'est con, non ? Tu t'appelles comment ?

– Mo. Mo Faithe.

– Faith et Hope[1]. On va aller loin.

Elles gloussèrent.

– Tu habites dans le coin ? osa demander Mo.

– Non. Plus à l'ouest. A côté de Marylebone.

Mo leva les sourcils.

– Non, Hope sourit, pas cette partie-là de Marylebone. Je ne paye pas un penny. C'est un squat situé au dernier étage d'un ancien immeuble de bureaux. Ça appartenait à la poste. Maintenant c'est complètement vide ; il ne reste que quelques classeurs. Ils savent que je vis là.

– Et ils ne disent rien ?

– Ça risque pas. Je suis réglo, et, avec moi dedans, l'endroit reste un peu plus sec que si il était inhabité. Il y a trop de travaux à faire pour qu'ils le mettent en vente. Et puis c'est entouré de logements sociaux en ruines. La vue est superbe mais, la nuit, il fait un peu froid, alors j'ai besoin de ça.

Elle agita sa bouteille de rhum avec un sourire.

– Et toi, tu vis où ?

– Hackney, dit Mo, Lydia Villas.

Hope sortit un feutre et écrivit sur sa main.

– A quel numéro ?

1 - Faith and Hope : la foi et l'espoir. NdT.

– Le seize.

– Seize, Lydia Villas. Je veux devenir chauffeur de taxi, alors je regarde dans mon plan où se situent les adresses pour les apprendre. Il faut s'approprier la Connaissance.

Son rire était sec et haletant.

– Pourquoi veux-tu conduire un taxi ?

– Parce que ça paye mieux que ce que je fais. Je suis au chômage, tu sais.

Elle désigna la scène.

– Ça payera à peine les Shreddies de la semaine.

– Tu devrais devenir pro, de façon sérieuse, avec un manager, et tout et tout.

Hope rit en jouant avec la poignée de l'étui.

– Les managers ne poussent pas sur les arbres.

Elle devait avoir dans les vingt-cinq ans, mais par moment elle en paraissait treize.

– Honnêtement, c'était vraiment bien.

Le sourire de Hope s'envola. Ses doigts cessèrent de s'agiter sur l'étui et elle regarda sa nouvelle amie.

– Je pourrais venir jouer chez toi un jour ?

– Ouais. Super, grogna Mo, décontenancée.

– OK, je le ferai. En échange d'un bon bain chaud.

– Hé, Mo ! Tu connais Jill ?

Mo se tourna vers May. Leur ayant complètement tourné le dos, elle se retrouvait un peu déconcertée. Elle découvrit une petite femme au visage rond, coiffée d'un béret noir, qui lui disait bonjour.

– Mo, ma chérie, je te le concède, tu es une rapide.

Gênée par leurs rires, Mo jeta un coup d'œil par dessus son épaule. Hope était partie.

Samedi Un

Des années de pratique n'avaient pas amélioré l'art du départ matinal. Comme d'habitude, ils s'étaient levés à six heures, pour ne partir que quatre heures plus tard. Après avoir écouté un récital d'orgue à la radio, deux quatuors à cordes, un concert à l'heure du déjeuner et une lecture de poésie célébrant juillet, ils arrivèrent à Tivorbury juste à temps pour un pique-nique tardif. Seth reçut l'autorisation de partir à la recherche de cordes de violons, après avoir promis d'être de retour à la voiture une demi-heure plus tard.

Seth se délectait des longs voyages en voiture. Comme les voyages en train, ils fournissaient la parfaite excuse pour se laisser aller au fantasme. Il s'émerveillait de l'audace avec laquelle on faisait circuler ce mensonge éhonté sur les prétendus effets soporifiques du voyage en voiture. Les trains vous rendaient somnolent mais c'était dû à leur côté ennuyeux. En revanche, il n'y avait rien d'ennuyeux dans le fait de foncer à toute allure dans une petite boîte en acier avec, pour seul rempart contre une mort certaine, la faillibilité de l'être humain : c'était bien trop dangereux. Et pourtant, les jeunes filles, les jeunes hommes, et même des enfants, ne se gênaient pas pour soupirer effrontément avant de fermer les yeux pour se laisser aller au charme de l'autoérotisme. Seth sourit au jeu de mots inconscient qu'il venait de faire.

Il pénétra dans le magasin de musique Bickerstead, et devint aussitôt très sérieux. Ce genre de boutique le mettait sur ses gardes ; les vendeurs étaient bien trop souvent des auditeurs de Radio 2 mal informés. Bickerstead, qui tournait le dos à Seth au moment où celui-ci entrait, était en train de prendre plaisir de façon un peu trop évidente à essayer un nouvel orgue électronique, le genre d'instrument qui jouait en haletant un rythme de bossa-nova automatique pendant que le joueur choisissait la mélodie en appuyant sur une touche. Seth passa à côté de lui et sentit une petite bouffée de Violettes de Parme. Il jeta un coup d'œil dans le fond du magasin, espérant y trouver un autre vendeur, voire trouver les cordes tout seul. C'était sans espoir.

– Que puis-je faire pour vous, Monsieur ?

La bossa-nova s'arrêta. Donner du « Monsieur » à quelqu'un de quinze ans était aussi condescendant que du « Mon petit bonhomme ». Seth se rappelait un cousin de son père, Harry, qui un jour l'avait appelé son petit bonhomme avant de le faire sauter sur ses genoux. On ne l'avait jamais revu. D'un ton lugubre lourd de sens, Mère avait attiré l'attention sur ses chaussettes blanches en soie.

– Je voudrais des cordes de violons, s'il vous plaît.

– Ah, oui.

– Il me faut un mi et un la en boyau, ainsi que deux ré et deux do, tous les deux en argent sur boyau, s'il vous plaît.

– Voyons voir.

L'homme ouvrit quelques boîtes sous son comptoir. Seth remarqua des pellicules parmi ses rares cheveux couleur sable lorsqu'il se pencha.

– Je vous recommande celles-ci pour celles en boyau. Pendarotti.

Il posa deux paquets jaunâtres sur le comptoir.

– Pendarotti ?

– Oui. C'est une marque Hongroise. Inhabituels, mais très bons. On a du mal à en trouver maintenant.

Seth les repoussa doucement.

– Ils ont l'air un peu vieux, et ce la est un peu usé.

– Vraiment ?

Bickerstead, qui s'appelait en fait Pendle, lui jeta un regard étonné.

– Mais ils ne sont vraiment pas chers.

– Écoutez. J'ai très peu de temps. Quels sont les meilleurs articles que vous ayez en stock ?

Pendle lui répondit sèchement.

– Je les prends. Je vous dois combien ?

Petit connard prétentieux ! Pendle encaissa l'argent et tendit un sac au garçon. *Tu te prends pour la putain de Duchesse de l'Ouest, c'est ça ?*

– Merci, Monsieur, dit-il à voix haute. Au revoir.

Dès que le garçon eut tourné les talons, Pendle retourna à son clavier. Une bossa-nova avec un saxo, des violons et juste une touche de célesta. C'était magique. La sonnette de la porte résonna et il se remémora sa nuit de gloire dans le rôle de Carmen Miranda au bal des travestis de Melville. On était déjà en 77 ? Quelle transition malsaine, ma pauvre Gloria Pendle.

En retournant vers le centre, Seth jeta un coup d'œil à une immense horloge décorative. Dix minutes. Il parcourut des yeux les environs, à la recherche d'un kiosque à journaux, et en repéra un, grand et impersonnel, près d'un bac de géraniums. Électrisé par le luxe d'une ville inconnue, il se déplaça dans un but bien précis le long de l'étalage de magazines. La rangée de lecteurs sans gêne rendait difficile sa recherche, mais la disposition était toujours la même. Il hésita un instant devant les magazines féminins et ceux de loisir, le temps de jeter un rapide coup d'œil autour de lui, puis il saisit l'objet de sa convoitise, s'éloigna vers les publications étrangères et ouvrit la chose.

– C'est votre voiture, Madame ?
– Oui.
– Je suis désolée, vous allez devoir la bouger. C'est le règlement, à cause des bombes.
– Oh. Mais, voyez-vous, je fais partie de la Société des Amis.
La contractuelle sourit, sûre d'elle, avec une ironie désabusée.
– Je suis désolée, ma chère, mais même Sa Grâce n'a que le droit de se faire déposer ; et pourtant il a une plaque d'invalide.
– Oh, le pauvre. Quel est son problème ?
Venetia monta dans la voiture, en rouspétant en français.
– Une hanche cassée. Le vieil homme a glissé sur une feuille humide l'hiver dernier. Une terrible histoire. Il a eu d'affreuses complications.
– On a dû lui faire de la... euh ?
– Oui. Une prothèse en plastique. C'est incroyable ce qu'ils arrivent à faire. (Elle baissa la voix.) Je crois que sa femme, elle, trouve très pratique d'avoir une plaque qui lui permit de se garer derrière Sainsbury. Bon. Il faut que j'y aille. Si vous voulez bien...
Elle fit un geste vers la Volvo. Le sourire d'Evelyn s'évapora.
– Oui. Bien sûr.
Elle monta dans la voiture et claqua la porte.
– Bon sang ! s'exclama-t-elle.
– Seth n'est toujours pas revenu.
– Nous avions dit une demi-heure, et il reste encore cinq minutes. Je crois que je sais comment nous débarrasser de la pervenche.

Elle fit démarrer le moteur et roula doucement autour de la grande pelouse si bien gardée. Elle fit un signe à la contractuelle et la regarda s'éloigner vers la Grande Rue. Elles poursuivirent leur tour royal jusqu'à revenir à leur point de départ. Evelyn coupa le moteur.
– Bravo, dit Venetia.
– Diabolique, non ?

Evelyn alluma la radio. Les infos. Des élections législatives semblaient probables pour le printemps de l'année prochaine. Une lettre piégée avait explosé à Whitehall, blessant le secrétaire d'un vieux ministre ; son état était jugé stable. Un député travailliste avait été arrêté par un *agent provocateur* à Earls Court. Suite à leur arrestation à la base de l'US Air Force de Greenham Common, plusieurs femmes comparaissaient aujourd'hui pour les charges de vagabondage, encombrement et tapage sur la voie publique. On attendait toujours le verdict.

– J'espère qu'elles vont se prendre une grosse amende, dit Netia de façon sauvage.

– Pourquoi ?

– Ça leur ferait du bien.

– Elles essayent juste de sauver le monde de tes semblables.

– Oh, pitié, c'est une bande de gouines communistes.

– Tu ne trouves pas qu'elles font du bon travail ?

– Quel travail ? Tricoter des pulls et chanter des chansons fleuries ? Je trouve que la CND faisait un excellent travail jusqu'à ce que ces « femmes » les rejoignent. Ce sont des extrémistes qui essaient d'attirer l'attention. L'ensemble de leur mouvement est une tentative planifiée pour que ce soient les féministes qui écrivent l'histoire. Elles sont aigries parce que les suffragettes ont attiré sur elles toutes la douleur et la gloire, et que maintenant tout le monde s'en fiche – précisément parce que les filles de Pankhurst ont fait du bon travail.

La voix claire de la raison :

– Je crois que tu n'as pas du tout compris. J'ai trouvé qu'elles étaient charmantes et très modestes.

– Qu'est-ce que tu veux dire par « j'ai trouvé » ?

– En fait, je suis allée les voir le mois dernier. L'école était fermée pour les vacances. J'avais lu tellement de choses dans les journaux que j'étais résolue à aller les trouver pour leur dire le bien que je pensais de leur action. Je leur ai concocté une sorte de colis d'encouragement en faisant des cakes et en achetant quelques bouteilles de whisky, et je le leur ai apportés.

Venetia la fixa un moment, incrédule, puis éclata de rire.

– Tu es incroyable parfois. La Parfaite Protectrice, oui, c'est ça, mais sans jamais te compromettre. Comme c'est un peu trop XIXe siècle d'apporter des pots de gelée de pas-d'âne aux pauvres, toi tu amènes des gâteaux et de l'alcool à un tas de gouines de Newbury.

En se dépêchant de retourner aux abords de la cathédrale, Seth se demanda qui achetait vraiment *Playgirl*. Le magazine était apparu dans les kiosques britanniques dans les années soixante-dix, donnant de façon amusante de quoi lire aux femmes « libérées ». Mais ne confondait-il pas libération avec autorisation ? Est-ce que la femme libérée considérait la pornographie masculine comme un moyen de soumettre les hommes à leur tout nouveau droit d'avoir un appétit sexuel, ou bien ne voyaient-elles là qu'une complaisance peu convaincante ? Il baissa les yeux et s'aperçut que ses doigts moites avaient laissé des traces grises sur le sac du magasin de musique. Il plia un peu les bords, repensa à Bickerstead, et ressentit une bouffée de colère due à la honte. L'affreuse publication n'était absolument pas destinée aux femmes ! Accroupi parmi les journaux à scandales français, Seth n'était rien d'autre qu'une nouvelle victime d'un brillant plan de marketing. Dans quelques années, il sortirait du kiosque avec le magazine caché dans un exemplaire du *Radio Times*.

Il y eut une pause. D'un seul coup elles se sentaient toutes bêtes, comme à chaque fois qu'elles s'affrontaient de la sorte.

Dans une seconde, pensa Venetia, *elle va me dire que tout ça se résume à une simple différence de caractère, elle va allumer la radio et je vais de nouveau me retrouver en liberté provisoire pour quelques mois.*

– Seth n'est toujours pas revenu, dit Evelyn.

– Il a sûrement eu un problème dans le magasin. Il est un peu timide avec les vendeurs.

– Tu ne l'as jamais vu dans un magasin de musique ; il y est en terrain connu.

– Quand on y pense, Seth ne croit pas en grand chose.

– Il croit en l'art.

– Moi aussi.

– Oui, mais juste pour le critiquer et l'analyser, comme ton père.

– Et alors ? C'est aussi une forme de création.

– Oui. Tu as raison. Je n'y avais pas pensé.

Evelyn sourit. La tension avait disparu. Elle mit la radio plus fort.

– Tu n'as pas rencontré Papa pendant une manifestation antinucléaire ? Une des toutes premières ?

– C'est vrai, à Aldermaston. Mais je ne me suis jamais vraiment défoulée tant qu'il était là. Je suppose que c'était une sorte de recherche « sur le terrain ». Il transforma en blague le fait qu'il n'avait aucun besoin d'aller à l'église ou aux réunions de l'association des contribuables, grâce à moi qui prenait plaisir à y aller à sa place. Il me disait que j'avais assez de bonne conscience pour deux, que je considérais le fardeau supplémentaire comme un luxe spirituel.

– Et ce n'était pas le cas ? Comme se nourrir pour deux ?

– Voilà le petit S.

Samedi Deux

– Joyeux anniversaire, patron, dit McEnery en tournant en direction de la route de Bayswater.

– Merci de me le rappeler, dit Mo, je me sens très vieille.

– Ha, Ha ! se moqua gentiment McEnery, en jetant un coup d'œil dans le rétro.

Mo s'était rendue compte du ressentiment de McEnery depuis le jour de sa promotion. C'était à prendre ou à laisser, bien qu'il soit évident que ça comptait beaucoup pour elle. Les attacher ainsi ensemble était l'idée que Timson se faisait d'une blague au goût douteux. Malgré son opposition totale, Mo avait réussi à se faire des alliées dans ses projets d'essai de patrouille cent pour cent féminine. Le pauvre type avait assuré ses arrières en recommandant que, de temps en temps, elle-même soit envoyée pour surveiller les progrès du projet, ainsi qu'en lui refilant la Relève comme équipière. Elles s'arrêtèrent aux feux devant l'hôtel Coburg et elle se dit qu'il y avait sûrement des façons plus agréables de fêter un anniversaire.

– Comment vous en êtes-vous sortie avec ce rapport ? demanda McEnery.

– Comme ci comme ça, la taquina Mo. Toujours la même merde réactionnaire.

Elle regarda furtivement ses sourcils épilés et le rouge à lèvres d'une couleur discrète.

– Delta cinq-deux. Delta cinq-deux. Un appel d'une vieille dame à Ladbroke Square, au numéro 95, elle pense que sa voisine a été assassinée. Elle est sûrement partie à Bridport voir sa cousine Fanny. Allez vérifier. Terminé.

– Reçu, Harry. (Mo s'était saisie du micro.) On y sera dans deux minutes. Terminé. Voilà de quoi faire revenir un sourire sur ton joli visage, McEnery.

– La spécialité du samedi matin, maugréa la Relève avec brusquerie, avant d'accélérer vers Notting Hill Gate.

– Reste dans la voiture près de la radio. C'est sûrement comme l'a dit Harry, une fausse alerte. Ils ont tous la fièvre de l'espionnage entre voisins dans le coin. Je t'appellerai si j'ai besoin de toi.

Mo sortit et grimpa les quelques marches qui menaient à la porte d'entrée. Comme il y avait plusieurs boutons de sonnette, elle appuya sur celui au-dessus duquel était inscrit MAISON. La porte s'ouvrit instantanément. La petite vieille énervée devait guetter à la fenêtre.

– Oh, Dieu merci, vous voilà, Madame l'agent. Je suis tellement inquiète.

– Qu'est-ce qui vous arrive ?

– Eh bien, je m'appelle Avril Fairbrother. Je suis la logeuse.

Une vieille bonne femme à l'élocution soignée ; elle avait probablement vécu ici toute sa vie. Mo se doutait que la maison familiale avait été transformée en chambres meublées pour payer l'augmentation des impôts locaux. La logeuse sortit afin de rejoindre l'agent sous le porche et, d'une main craintive, lui indiqua la porte sur la droite, de l'autre côté de la rampe.

– Il s'agit de Miss Stazinopolos. Elle est diseuse de bonne aventure pour le magazine *Women's Weekly*, mais elle est Grecque, ce n'est pas une bohémienne. Nous sommes bonnes amies et elle passe souvent, mais elle n'est pas sortie depuis jeudi. Je me suis dit qu'elle était peut-être malade, alors je suis allée frapper à sa porte – plusieurs coups – mais je n'ai obtenu aucune réponse. Ses rideaux sont tirés, vous voyez ? J'ai essayé de lui téléphoner, mais elle n'a pas répondu. Quand je l'ai vue jeudi après-midi, elle ne m'a pas dit qu'elle avait l'intention de s'absenter.

– Elle vit seule ?

– Oh, oui. Complètement seule.

– C'est une grande maison pour une... pour une femme célibataire.

– Oui. J'ai bien peur que Marina n'ait pris de mauvaises habitudes. Elle est très détachée des contingences de ce monde, voyez-vous.

Elle lança à Mo un regard éloquent.

– Et vous n'avez rien entendu ou vu d'anormal ?

– Pas un murmure. Mais j'ai souvent la TSF allumée, alors j'ai peut-être raté quelque chose.

– Je vois.

– Vous allez devoir forcer la porte ?

– J'ai une clef magique, très chère.

Mo sourit, descendit les marches et se rendit jusqu'à l'autre porte. Avril rôdait près de la rampe et laissa échapper un soupir d'admiration quand l'agent réussit à entrer. Mo passa par la porte et fit signe à McEnery.

Une femme énorme, plutôt âgée bien qu'ayant des cheveux noir de jais, gisait effondrée sur la chaise où on l'avait attachée et bâillonnée. Il n'y avait pas la moindre trace de lutte, pas de sang, pas de désordre. Ce n'était pas un travail d'amateur. Mo se précipita vers la prisonnière et s'accroupit près d'elle. Elle était en vie. Quand Mo lui toucha la poitrine, elle eut un sursaut, ouvrit les yeux et se mit à gémir. En lui retirant son bâillon, Mo libéra un torrent de Grec.

– Doucement. Doucement, ma fille. Tout va bien. Vous êtes sauvée.

Stazinopolos continua à jacasser pendant que Mo défaisait ses liens. Son œil aiguisé ne manquait pas un détail. Il y avait trois bouteilles de lait sur le bureau en face de la bouche de l'astrologue. Deux vides, une à moitié pleine. On avait pensé à mettre une paille dans chaque.

– Trouve le téléphone et appelle l'expert en médecine légale. Il y a peut-être des empreintes, et elle a besoin d'aide – elle n'a rien eu d'autre que du lait pendant deux jours.

McEnery, qui venait juste d'entrer, fit demi-tour et retourna à la voiture. Stazinopolos revint doucement à l'anglais.

– Dieu merci vous venir, haleta-t-elle. Je pensais personne venir. J'essaye d'appeler mais personne ne m'entend. Il était tellement rapide. Je ne l'ai pas vu entrer.

– Attendez. Attendez.

Mo sortit son carnet et se mit à griffonner.

– Un homme. Avez vous vu son visage ?

– Non. Un masque. Il portait un masque noir – en laine.

– Un passe-montagne.

– Quoi ?

– Rien. Continuez. Quand est-il arrivé ?

– Jeudi. Tard dans la nuit. Je venais de prendre mon bain et j'allais me coucher, puis je suis descendue chercher un livre.

– Vers quelle heure ?

– Aux environs de minuit et demi. Je suis descendue et je me trouvais là, près de la bibliothèque. Soudain j'ai entendu la porte fermer. Je me retourne et le vois.

– Quelle taille faisait-il ?

– Oh. Très grand – peut-être un mètre quatre-vingt-dix – et mince.

– Et ensuite ?

– Il s'est précipité sur moi. J'essaye de crier mais n'y arrive pas – rien du tout. Puis il m'oblige m'asseoir sur une chaise. Tellement rapide. Je ne peux pas l'arrêter.

– Il était costaud ?

– Oui. Je ne pensais pas qu'il le serait – si mince, vous comprenez – mais il très fort. Alors il me pousse dans la chaise et il enroule corde autour de moi. Je commence à pousser un cri mais il dit : « Ne criez pas. S'il vous plaît, ne criez pas. Je ne vous ferai aucun mal, mais je dois vous attacher. »

– Sa voix avait l'air jeune ?

– Difficile à dire. Il avait une bonne élocution, je crois, mais si bouleversée que je ne m'en rappelle plus. Il m'a bâillonnée ensuite. Pas très serré, mais ça a étouffé ma voix. J'avais peur, alors je suis restée tranquille.

– Que s'est-il passé ensuite ?

– Il est allé jusqu'à mon bureau. Je suis astrologue, vous savez.

– Je sais. Pour *Women's Weekly* ?

– Oui. Donc il va jusqu'à mon bureau et commence à examiner mes papiers. Je garde toutes mes prédictions dans des fichiers séparés – par mois, vous voyez – ou par client. Les fichiers du mois en cours et ceux d'août se trouvaient dans le tiroir du haut. Il cherche sur le dessus du bureau puis il ouvre le tiroir. Il attrape le fichier et se tourne vers moi. « S'il vous plaît dites-moi la vérité afin que je ne sois pas obligé de vous faire du mal, » il dit, « c'est tout ce que vous avez écrit sur les prochaines semaines ? ».

» Là j'ai eu peur, vous savez, parce qu'il était si bien élevé, comme le sont souvent les fous, alors je me suis dit que je ne devais pas mentir. Je voulais juste qu'il parte alors j'ai secoué la tête comme ça et je lui montré, comme ça, la table basse ».

– Qu'est-ce qu'il y avait sur la table basse ?

– J'ai écrit un horoscope spécial politique pour l'*Observer* de dimanche prochain. J'allais leur apporter samedi, mais j'avais si peur qu'il le voie après que je lui ai dit qu'il n'y avait rien d'autre que je l'ai laissé avoir ça aussi.

– Et après, il est parti ?

– Non. D'abord, il a tout brûlé. Il est allé jusqu'à la cheminée et a mis tous les papiers qu'il avait pris dans le foyer et les a enflammés avec une allumette. Puis il a attendu jusqu'à ce qu'ils aient tous brûlé et a mis le lait sur le bureau et fait glisser ma chaise juste à coté. « Vous devez boire ceci, » dit-il, « ça contient des protéines et ça vous permettra de tenir jusqu'à ce que quelqu'un vous trouve. N'ayez pas peur ». Et il part. Il ferme la porte et s'arrête dans l'entrée. Je pense qu'il a retiré son espèce de masque avant de sortir par la porte de devant.

– Mais vous n'avez pas vu son visage ?

– Non. Oh mon Dieu !

Elle mit une main bien en chair sur son front.

– Je me sens prise de vertige, je crois je m'évanouis.

– Attendez, ma grande.

Mo rassembla ses forces en vue de l'effort, puis, prenant Stazinopolos sous les bras, elle la guida jusqu'au sofa où elle l'aida à s'allonger, haletante et gémissant doucement.

– Oh mon Dieu ! Oh mon Dieu !

Mo lui dit que de l'aide n'allait pas tarder et la remercia pour son témoignage. Avait-elle faim ? Non, Miss Stazinopolos n'avait pas faim. Mo releva la tête au moment où McEnery revenait.

– Ils seront là dans quatre minutes, dit la Relève. Il est arrivé un truc marrant.

– Quoi ?

– Jack a pris la communication et m'a dit qu'il y avait eu un autre cambriolage à Chelsea la nuit dernière.

– Je n'y vois rien de drôle. C'est le vendredi soir.

– Mais il s'agit d'un autre astrologue grec, Papas Mercouri. Il écrit pour des magazines de luxe. Il est arrivé tôt ce matin et a découvert que tous ses travaux récents avaient disparu, ainsi que ses tableaux et ses cartes. Pas d'empreintes, pas de témoins, pas même une fenêtre brisée. Du travail de pro m'a dit Jack, comme si un invité faisait un peu de chapardage de façon polie.

– Oh mon Dieu !

L'occupante du sofa sortait de sa torpeur.

– Vous le connaissez ? demanda Mo.

– Oh mon Dieu ! répéta-t-elle plus fort, avant de se mettre difficilement debout. Non. Je dois juste... pardonnez-moi, mesdemoiselles.

Elle sortit en trombe de la pièce, traversa le hall et disparut derrière une porte. On entendit le bruit d'un siège en bois rabattu avec force, suivi d'une exclamation étouffée, en grec. McEnery sourit au tapis et toussota.

Samedi Trois

Battu par l'océan Atlantique, Saint Jacobs était un minuscule village de pêcheurs qui s'accrochait à la face rocheuse de la Cornouailles du nord. Situé à une distance mal choisie de la plage la plus proche ou d'une ville de taille importante, il avait eu la chance de n'attirer que les artistes vraiment sérieux. Cinq kilomètres à l'ouest de ce petit port se trouvait Trenellion. Il s'agissait d'une communauté minière située en bord de mer, conçue et bâtie au XVIIIe siècle par un propriétaire terrien inspiré : elle se composait d'une mine, d'une église, des maisons des ouvriers et d'une école. Avec le temps, le propriétaire s'avéra moins heureux dans ses spéculations que dans ses actes de bienfaisance. Le filon d'étain fut vite épuisé, son détenteur mourut de boisson, et, trois génération plus tard, son rêve se retrouva abandonné au vent : il ne restait plus qu'un testament dédié à la vanité et une résidence habitée par des moutons reconnaissants. Trenellion resta dans un état de délabrement croissant jusqu'à la fin de la première guerre mondiale, quand un trio d'idéalistes entreprit sa rénovation. Le dernier descendant du propriétaire, qui deviendrait par la suite extrêmement riche, s'était lié d'amitié durant sa jeunesse avec un garçon qui s'avérerait plus tard un architecte de renom, ainsi qu'avec un autre qui, lui, deviendrait le grand-père d'Evelyn Peake. A leur sortie de Cambridge, les trois comparses, unis par leurs convictions modernistes, adoptèrent la ville fantôme ; d'abord comme point de mire de leurs idéaux, puis comme emblème. Les maisons furent réparées et considérablement modernisées, l'école devint une salle de répétition et l'église fut transformée en auditorium, on remplaça même son toit de plomb sinistré par du verre. La mine, quant à elle, s'était depuis longtemps effondrée dans la mer, qui avait gagné du terrain.

Au début, la restauration de Trenellion ne fut qu'un moyen tout simple de trouver un refuge tranquille pour les trois amis, leurs femmes, amants et relations artistiques. Un *Petit Trianon* où ils pouvaient protéger de l'intérêt grandissant du public leur existence bohème. Quoi qu'il en soit, quand le nouveau propriétaire revint d'Espagne, sa stupéfaction face à la rapide dégradation des fameux idéaux l'incitèrent à utiliser ses privilèges à la fois au profit de la souffrance populaire et de l'élite. Un festival pacifiste d'art et de musique fut inauguré. Un groupe composé d'amateurs talentueux et de professionnels idéalistes donnerait des concerts dans l'église pendant deux semaines. L'école accueillerait dans ses murs conférences et expositions. Et tous les bénéfices seraient versés à une cause méritante, choisie chaque année par le comité du festival.

D'année en année, la réputation du festival grandit, et, au moment où la jeune Evelyn Davenham se rendit pour la première fois chez ses grands-parents, les Straker, à Saint Jacobs, ils étaient devenus les coadministrateurs d'un événement culturel très populaire. Dans leur isolement, étant les uniques survivants de l'équipe originale de Trenellion, ils en arrivèrent à jouer un rôle honoraire dans les réunions, passant le relais à Peter Grenfell, un aspirant chef d'orchestre dont le talent s'était révélé sous la tutelle de Straker. Depuis l'âge de quatorze ans, Evelyn avait participé à tous les festivals. A la mort de ses grands parents, elle reprit leur rôle d'aimant social et devint « l'homme de main » de Grenfell. Elle s'occupait des listes d'invités, des collectes de fonds, et mettait de l'huile dans les rouages de ce qui était dorénavant une vaste entreprise.

Une des tâches de l'administrateur du festival consistait à organiser une soirée la veille du premier jour des répétitions, afin d'accueillir les visages connus et de présenter les nouveaux. Ce qui avait donné quelques soucis aux passagers de la Volvo ; soucis oubliés dès le premier « Je vois la mer ! ». Il restait au moins quarante minutes avant les premières arrivées.

La Corveaurie, comme grand-papa Straker avait malicieusement surnommé sa maison, était une immense grange, intelligemment aménagée par le fameux ami architecte. La carcasse originelle avait été divisée en deux ; une moitié non cloisonnée en bas, une galerie de chambres au dessus, et, afin d'accueillir un garage, une salle de répétitions-bibliothèque et une salle de bains, on avait construit des extensions. L'ensemble formait maintenant une sorte de musée inestimable bien qu'habité, et assez représentatif du chic des années trente.

Comme ils se dirigeaient vers le garage, une grosse femme imposante en salopette bleue apparut dans le rétroviseur. Evelyn poussa un soupir de soulagement. La gardienne de *La Corveaurie*, de Caerleon, de Pendarrick et de Dulgannon Reach. Evelyn faisait un blocage sur son nom et souriait de façon voyante dans ses efforts pour le retrouver.

– Bonjour. Bonjour, mes chéris, souffla Mme Pym d'une voix rauque.

– Bonjour.

Evelyn sourit et l'étreignit. Elle lui tendit un panier rempli de petits cadeaux achetés le matin même, à la va-vite, à Hampstead.

– Oh ! C'est pour moi ? Vous n'auriez pas dû, Mme P.

– C'est pour vous remercier d'être notre ange gardien. Ce ne sont que des bêtises.

– Oh non, je suis sûre du contraire. Oui. C'est ravissant. Eh bien, vous avez drôlement grandi, M. Seth !

– Nous allons tous devoir l'appeler « Monsieur » à partir de la semaine prochaine, intervint Venetia.

– Regardez comme il rougit. Et ma petite Neesh. Tu es plus jolie que jamais, ma chérie.

Netia posa un baiser sur la grosse joue, en espérant ne jamais avoir de poils sur le visage.

– Tout est près pour la soirée, Mme P. Le reçu pour la nourriture et le vin se trouve sur le buffet. Oh, et l'eau est à la bonne température pour vos bains. Je ne peux pas rester, il faut que j'apporte son thé à Roger, mais je viendrai demain matin pour débarrasser. D'accord ?

– Soyez bénie. Est-ce que Huw est sorti pour travailler dans le jardin ?

– Oh non. (Mme Pym hésita un instant, fronçant son énorme front.) Je pensais qu'il vous avait prévenue. Il est parti hier après-midi.

– Il est parti ? répéta Venetia d'un ton agressif.

– Oui. Pour l'étranger, je crois. Il a laissé un mot sur la table. (Flairant quelque chose d'anormal, Mme Pym se pressa.) Je dois y aller. A demain.

Comme personne ne répondait, elle s'éloigna en se dandinant.

La mâchoire serrée, Evelyn entra à grands pas dans la maison, traînant les enfants déçus dans son sillage. Elle s'empara du mot et le lut à voix haute, d'un ton professionnel.

« Chère famille. Désolé d'avoir dû partir précipitamment pour Vienne afin de faire appel aux lumières de Leon – je dois vérifier quelque chose de vital dans son dernier ouvrage. Je vous rejoindrai bientôt. J'espère que Neesh et Seth ont eu un bon trimestre. Affectueusement, Huw Peake. »

– Je vois. (Evelyn froissa le mot.) Vous pouvez décharger la voiture, s'il vous plaît ? Je dois passer un coup de fil.

Elle se rendit dans la salle de répétition pour être seule, et ferma la porte. Elle feuilleta rapidement son carnet d'adresses jusqu'à la lettre B, comme Berkowski, et composa un long numéro. Elle tenait le récepteur d'une main livide. Une voix lointaine lui dit :

– *Bitte ?*

– Leon ? C'est Evelyn. Evelyn Peake. La femme de Huw.

Il y eut une pause, puis la voix continua. Elle semblait si âgée qu'Evelyn avait du mal à la reconnaître.

– Ma chère Evelyn. Comment allez-vous ?

– Bien.

– Et comment va Huw ?

– Il n'est pas avec vous ?

– Non. Il devrait ?

– Il m'a laissé un mot disant qu'il partait vous voir.

– Merveilleux ! Quand arrive-t-il ?

– Je ne suis pas sûre. Il est parti de Cornouailles hier mais... Leon, je suis désolée. C'est peut-être une grossière erreur. Puis-je vous rappeler plus tard ?

– Mais bien sûr. Comment vont les enfants ?

– Bien. Je dois y aller, Leon. Au revoir. Je vous appellerai peut-être demain.

– Au revoir, ma chère.

Elle raccrocha violemment le téléphone. Il se mit aussitôt à sonner. Elle s'en saisit vivement.

– Penfasser 53642, dit-elle.

– Bonjour, Penfasser 53642. (La voix de Huw sonnait aussi désabusée qu'à son habitude.) C'est...

– Où diable es-tu ? l'interrompit-elle, en se tournant vers la fenêtre.

– Je suis à...

– Tu n'es pas à Vienne, je viens juste de parler à Leon.

– C'est plutôt embarrassant ; enfin pour toi. Je suis à Londres. A la maison.

– Pourquoi ?

– Il faut que je fasse mes bagages, et, comme tu l'as probablement deviné, je dois appeler Leon pour que nous nous organisions. Comment va-t-il ?

– Bien. Ça ne m'étonne pas de toi, tu sais. Ça ne pouvait pas attendre ?

– Il faut que je le voie.

– Tu aurais pu traiter ça par téléphone.

– Trop cher.

– En plus, les enfants ont besoin de te...

– Quelles conneries.

– Pardon ?

– Ils survivront. Dis à Venetia que je l'embrasse.

– Et je raconte quoi aux invités, ce soir ?

– Dis la vérité et mets ça sur le dos du diable.

– Tu aurais au moins pu…

Elle trépignait.

– J'y vais. Je t'appelle. Salut.

– Huw, pour l'amour de Dieu…

Il avait déjà raccroché.

Evelyn prit une cigarette sur le dessus de la cheminée, mais, ne trouvant pas d'allumette, elle la reposa. Elle se rendit jusqu'à la fenêtre et l'ouvrit, laissant pénétrer l'air de la mer et le cri des Fous de Bassan. Elle fit la grimace, se frotta le front et respira profondément une ou deux fois avant de rejoindre les enfants. Ils étaient assis sur le canapé, désœuvrés. Elle avait horreur de les voir comme ça.

– Où sont les valises ? demanda-t-elle.

– Je vais aller les chercher, marmonna Seth, sans bouger.

– Oui, s'il te plaît. Nous avons très peu de temps.

Elle se rendit dans la cuisine, s'exprimant d'un ton plus enjoué.

– Dieu bénisse Mme Slim. Regardez : elle a poussé les chaises et mis des petits bols de noix de cajou un peu partout. Il y a même de la quiche et de la pizza.

– Comment va Papa ? demanda Venetia.

– Il vous embrasse, répondit sa mère en se versant un verre de vin. (Elle jeta un œil à sa montre.) Oh mon Dieu, je dois prendre un bain ! Comme j'ai conduit, j'y vais la première.

– Je passe après, dit Venetia, puisque je n'ai pas eu le temps hier soir.

– Je vais chercher les affaires, dit Seth.

Evelyn se précipita au premier. On entendit bientôt sa voix de contralto par dessus le bruit de l'eau. Pendant que Seth faisait des allers et retours au garage, Venetia mangeait des noix, installée sur le sofa.

– Tu entends, dit-elle, elle est toujours si contente de revenir ici. Je suppose que l'endroit lui rappelle Grand-Maman et Grand-Papa ; ça la rajeunit.

Seth revint avec la troisième valise, et s'effondra sur une chaise.

– Pas toi ? demanda-t-il. Saint Jacobs est à cheval sur une faille temporelle : Le Pays Oublié Par Le Temps. Eh, ralentis ! Il ne va plus en rester si tu continues à ce rythme.

Netia remarqua qu'elle avait quasiment vidé le petit bol de noix de cajou. Elle se sentait bizarre. Elle regrettait d'être venue. Elle aurait pu rester à la maison, à poursuivre ses révisions et tenir compagnie à Papa à son retour. Il l'avait trahie en repartant. C'était un sacrilège que de le dire, mais elle ne s'était jamais vraiment sentie heureuse en Cornouailles ; elle n'était pas assez passionnée par la musique. Elle appréhendait la soirée. A partir de demain on la laisserait réviser en paix, mais ce soir la maison allait se remplir de visages joyeux parlant de musique. Pendant que Seth montait péniblement les bagages au premier, elle porta le bord du bol à ses lèvres rouges et avala les dernières noix. Seth appela sa mère à travers la porte de la salle de bains :

– J'ai monté tes affaires. Elles sont sur ton lit.

Elle arrêta de chanter.

– Tu es un ange. Peux-tu me choisir de quoi m'habiller ?

– OK. Relax ou strict ?

– Oh, plutôt relax. J'aurais l'air assez autoritaire comme ça sans en rajouter sur la tenue.

Seth ouvrit la valise d'Evelyn sur le lit et, après avoir sorti quelques affaires, il les étala sur le dessus de lit.

– La robe rose qui fait toile araignée ?

– Parfait. Il doit y avoir des chaussures et une ceinture en daim grise qui vont avec.

La porte de la salle de bain s'ouvrit et Evelyn émergea de la pièce embuée, enveloppée d'une serviette Peter Jones et d'une odeur de bois de santal.

– Ton bain est en train de couler, Miss Piggy, annonça-t-elle par dessus la rampe de l'escalier.

– Oh. Merci.

Venetia se leva et s'étira. Elle poussa un soupir de lassitude en entendant un bouton de son pantalon tomber sur le sol. Elle se baissa pour le ramasser, l'air perplexe, et monta tranquillement au premier. Elle bailla. Les voyages en voiture étaient si soporifiques. Seth lui sourit, et elle se mit à le haïr.

– Tes affaires sont sur le lit, dit-il avec confiance.

Il était heureux de revenir ici.

– Je reviens, je vais juste faire coucou à la mer.

Il descendit les marches quatre à quatre.

– Ne traîne pas trop, chéri. Un quart d'heure, pas plus.

En ouvrant la porte d'entrée, il se rappela qu'il avait oublié de fermer la voiture à clef. Il retourna jusqu'au buffet chercher les clefs, et surprit la voix de Venetia, basse et à cran.

– Non, toujours pas. Oh !

Son soupir d'impatience fut accompagné d'un bruit sourd ; elle avait sûrement donné un coup de pied dans le lit. Mère se fit apaisante.

– Ma pauvre chérie. Je suis sûre que si tu te tourmentes ça ne fera qu'empirer. Sois patiente.

– Parfois je déteste être une femme, ajouta Netia.

Seth ressortit, et, suivant le mur du havre, il médita sur le Mystère Féminin, tout en écoutant le bruit de l'eau trouble qui clapotait sur les pierres. Grâce aux diverses bribes d'information recueillies lors de conversations ou durant ses lectures, il connaissait, d'un pur point de vue médical, les inconvénients qu'il y avait à être une femme. Mais, une fois confronté à l'aspect émotionnel des choses, que ce soit l'impétuosité de Venetia, les mauvais jours de Mère – déguisés en maux de tête –, ou le brouillard où évoluait les mères de famille, il se sentait totalement étranger à leurs problèmes. Deux goélands argentés tournoyaient en hurlant au-dessus de sa tête.

Peut-être leurs émotions étaient-elles au cœur du problème – si tel était le cas, c'est qu'il y avait vraiment un problème. On pouvait dire qu'il s'était tourné vers ceux de son propre sexe parce que c'était les seuls disponibles, mais ça n'expliquait pas le sentiment profond de culpabilité chez les êtres du sexe auquel appartenait Vénus. Pas plus que ça n'expliquait la façon dont la plupart de ses camarades de lycée avaient réussi à suivre leurs gènes. Il avait regardé sans les comprendre les moins grotesques des photos pornographiques amassées par ces mêmes camarades. Les jambes écartées, la poitrine offerte ; les poses vulgaires étaient aussi mystérieuses dans leur agressivité que pouvaient l'être les « conversations entre filles ».

A l'âge de sept ans, il était tombé sur Mère, le corsage déboutonné, en train de se pencher sur la table de la cuisine afin d'examiner quelque chose que lui montrait Mme Pym. Il était reparti sans se faire remarquer et avait passé les quatre jours suivants dans les affres du tourment, convaincu, jusqu'à ce qu'il prenne le temps de les examiner du haut de la balustrade, qu'elles étaient toutes deux des fiancées de Satan.

– Mais c'est le fils de Huw Peake. Ohé ! Seth !

Il se retourna et vit Bronwen. Étant la plus ancienne des artistes résidant à Saint Jacobs, Bronwen était considérée comme un personnage « typique » du village. Aussi grande et maigre qu'un râteau, d'un âge indéterminé – quelque part au-delà de cinquante –, elle était toujours vêtue d'une de ses trois blouses barbouillées de peinture et d'une paire de bottillons doublés de fourrure. Elle se teignait les cheveux avec une mixture composée de plantes ramassées au bord de la falaise, ce qui, au fil des ans, leur avait donné cette couleur rousse si vive. Se déplaçant partout à bicyclette, elle avait les poumons d'un berger des Alpes et des mains de camionneur. Elle était la copine de vacances de Seth depuis qu'il était tout petit. Ils s'étaient rencontrés pendant une promenade sur la falaise, et Seth, avec une obstination toute juvénile, l'avait traînée au festival. Elle s'asseyait au dernier rang des contraltos et aboyait la partie pour ténor.

– Bonjour Bronwen.

Elle lui prit la main tout en lui tapant sur l'épaule.

– Grande soirée en perspective, dit-elle d'un ton brusque. Je le sens au plus profond de moi.

Ils se dirigèrent vers la maison.

– Il va se passer quelque chose d'extraordinaire.

– Oui, dit Seth, heureux d'avoir son bras autour des épaules, je suis content d'être revenu.

– Vous venez juste d'arriver ?

– Oui.

– Je suppose qu'il faut que j'aille boire un verre à la soirée de ta mère. Comment va-t-elle ?

– Bien.

– Et Père ?

– Il est parti à l'étranger faire des recherches.

– Tant mieux pour lui.

Dans sa chambre, en enfilant la robe qu'elle avait choisie, Venetia s'aperçut avec surprise qu'elle n'arrivait pas à la fermer. Elle se mit à transpirer. C'était ridicule. Elle lui allait parfaitement il y a trois jours. Elle tira sur la fermeture en retenant sa respiration. A part les noix, elle n'avait pourtant quasiment rien mangé de la journée ! La fermeture éclair se ferma enfin. Se détendant, elle entendit une couture qui se déchirait.

– Merde.

Elle regarda son reflet par dessus son épaule, là où on voyait la peau nue par la déchirure. Furieuse, elle retira la robe, la déchira et la jeta sur le lit. Elle fouilla dans sa valise et dénicha une jupe courte à froufrou avec une ceinture élastique. Elle l'enfila, mit un corsage en soie rose, des chaussures, et ouvrit la porte. Avec l'impression tenace d'être énorme, elle descendit pour parler musique.

Bronwen ramassa son vélo et l'enfourcha. Il s'agissait d'un modèle pour homme datant environ de 1918. Elle affirmait que la barre du milieu lui servait à accrocher ses affaires quand elle faisait une longue promenade. En la regardant rouler à ses côtés, Seth s'émerveilla de sa force. Il devait marcher d'un bon pas pour la suivre. Une rafale de vent fit onduler sa blouse. Mis à part ses grosses chaussettes de laine, Bronwen avait les jambes nues, aussi Seth détourna-t-il le regard. Trois Volvo, un camping-car, et une voiture française d'un jaune vif – du genre qui se démontait pour les piques-niques – étaient garés près de la *Corveaurie*. Bronwen posa son vélo et se dirigea vers la porte d'entrée.

– Il faut que j'aille prendre un bain, dit Seth.

– Pour quoi faire ?

Elle sourit et lui ébouriffa les cheveux comme le ferait un oncle bienveillant.

– Quel drôle de petit.

Ils entrèrent. L'air était déjà empli du bruit des conversations et de l'odeur du vin bon marché. Seth se précipita au premier.

Pendant qu'il prenait son bain, trois autres camping-cars étaient arrivés de Trenellion. En redescendant à l'étage, il découvrit une foule de visage connus. Les Pollock venaient juste d'arriver – c'était une des plus importantes familles participant au Festival. Pollocks était un ancien directeur d'école à la retraite dont la progéniture uniquement composée de filles – une infirmière, une dactylo, un professeur de musique, et une diaconesse fraîchement nommée – donnait lieu, parmi les épouses du Festival, à de nombreuses suppositions. Même si le concept de vieille fille commençait sérieusement à battre de l'aile. Pas très loin de la table à cocktails, Mère était en pleine conversation avec l'administrateur et le dernier descendant du propriétaire originel. Autour du canapé, où Venetia s'amusait aux dépens d'une nouvelle fournée d'invités tout de blanc vêtus, les Bevanse avaient commencé à chanter un madrigal. Il formaient un clan déjà impatient de jouer.

– Seth. Mon cher et unique petit chéri !

C'était Jemima Beale. La meilleure amie d'enfance d'Evelyn qui était devenue avec bonheur la marraine de son second enfant. A l'inverse de son amie, Jemima avait fait montre de plus qu'un simple talent d'amateur et était devenue une joueuse de viole renommée. Refusant de considérer l'instrument comme un violon de rechange, elle avait entrepris d'éduquer le public musical et avait gagné non seulement des acclamations, mais aussi un succès grandissant à chaque nouveau concert. Elle étreignit chaleureusement son filleul.

– Mon Dieu, s'exclama-t-elle en faisant grincer les voyelles, tu deviens immense ! Tu vas bientôt battre ton arrière-grand-père. Au fait, merci beaucoup pour ces charmants mouchoirs que tu m'a envoyés pour mon anniversaire. C'était très gentil de ta part.

Daniel, lui, a oublié, comme toujours. Quand tu te marieras, mon chéri, pense à souhaiter son anniversaire à ta femme, ça crée des liens. Est-ce que les O-Level ont été désagréables ? Quand aurez-vous des nouvelles ?

Comme à son habitude Jemima n'attendit pas les réponses. On la considérait comme une valeur sûre aux soirées à cause de la manie qu'elle avait de toujours se diriger vers les plus timides et de les laisser sourire en silence pendant qu'elle faisait la conversation pour deux. Son côté glamour était aussi agréable à l'œil que bon pour le moral. Seth fut heureux qu'elle l'accoste.

– Écoute, je ne peux pas te monopoliser toute la soirée, ce serait injuste envers ces pauvres Pollocks. Prends ma main. Non mais honnêtement, chéri, regarde ce pauvre professionnel se faire malmener dans un coin par cette chère Bronwen. Il faut que j'aille à son secours avant que ça ne tourne à la tragédie...

Seth sourit à ce départ précipité. Venetia lui fit un signe de son canapé.

– Seth, dépêche-toi d'attraper un verre et viens ici que je te présente.

Seth fit ce qu'on lui demandait. Le nouveau venu était plus âgé qu'il ne lui avait semblé. Seth présuma que le costume voyant était le souvenir d'une jeunesse enfuie depuis quinze ans. Venetia avait le comportement affecté qu'elle affichait dans ce genre de réunion.

– Seth chéri, je te présente Harry Barnes. Il arrive de New York pour faire des recherches pour son nouveau livre – enfin, officiellement, il vient donner des conférences – et meurt d'envie de rencontrer un vrai virtuose. Il est allé à Eton – ou était-ce Slough Grammar ? Vous avez sûrement des tas de choses en commun.

Seth rougit obligeamment. Barnes lui tendit la main sans se lever, forçant Seth à se pencher.

– Ainsi, c'est vous. Comme c'est passionnant. Prenez donc un siège, lui dit Barnes.

Seth s'assit aux côtés de sa sœur, sur le bras du canapé, et avala une bonne gorgée de vin.

– Neesh vous a certainement raconté plein de bêtises, dit-il. On ne peut être doué en quoi que ce soit sans forcément négliger autre chose.

– Tu parles ! N'en croyez pas un mot. Il a toujours été le chouchou des profs, dit Venetia, l'esprit visiblement ailleurs.

– Ah, mais il y a une différence entre le vrai mérite et la fausse modestie, rétorqua Barnes, pour ma part je pense justement avoir été le chouchou des profs à cause de mon incapacité à me faire remarquer par un quelconque talent. J'étais le seul à ne jamais coincer un prof avec des questions gênantes. M'en étant éternellement reconnaissant, celui-ci me récompensait en augmentant mes notes.

Seth trouva le rire de sa sœur excessif.

– Vous êtes romancier, n'est-ce pas ? demanda-t-il à l'homme aux cheveux clairsemés.

– Dans le mille, mon cher. M'auriez-vous lu ?

– Eh bien...

– Trop occupé à jouer du violon, je suppose.

– Vous serez peut-être intéressé d'apprendre, s'interposa Venetia, qu'un de mes amis a décidé d'écrire une thèse sur vous pendant sa dernière année à Caius. Vous n'êtes pas totalement ignoré par la jeunesse anglaise. Il ne devrait pas tarder à écrire à votre agent afin de vous demander un entretien.

– C'est flatteur, enfin, tant qu'il ne demande pas à lire ma correspondance ou mon journal – pour cela il faudra attendre ma mort, j'en ai peur.

– Ou que vous vous soyez assuré le prix Nobel.

Barnes explosa de rire, vite rejoint par Venetia, enchantée qu'elle était d'avoir trouvé quelqu'un à la fois intelligent et sans rapport avec la musique. Conscient de ne plus avoir aucun rôle à jouer dans la conversation, Seth regarda ailleurs afin de s'épargner leur charité. Profitant du bruit ambiant, il but une autre gorgée de vin et jeta un coup d'œil dans la pièce. Tout le monde était occupé. Personne n'avait l'air de s'ennuyer. Il baissa les yeux et fixa son verre vide. Il n'avait jamais réussi à boire du vin sans invariablement laisser une trace sur le bord du verre. Il se demanda une fois de plus si ce handicap allait disparaître avec le temps, comme les éjaculations nocturnes. Une main ferme lui tapota l'épaule et un jeune homme lui dit :

– Ce n'est pas si grave. Allons dehors, admirer la vue.

Seth releva les yeux. Il y eut un sifflement derrière lui. Il se retourna et découvrit un inconnu blond lui souriant devant la fenêtre du jardin. Seth lui rendit aussitôt son sourire et se leva.

– Viens. Il fait trop chaud ici, et il y a un merveilleux coucher de soleil à ne pas manquer. Je m'appelle Roly. Roly MacGuire.

– Seth Peake.

– Je sais. Bronwen me l'a dit.

S'il avait discuté avec Bronwen, on pouvait certainement lui faire confiance. Seth suivit le beau jeune homme dans le crépuscule alors que, derrière lui, Venetia poussait des petits cris de joie et que les Bevanse devenaient complètement hystériques.

Evelyn avait résisté à la tentation de transformer en jardin la petite bande de terre qui se trouvait devant les fenêtres principales. Ses grands-parents n'y avaient jamais touché. Non seulement le sol était incroyablement salé et l'endroit secoué par le vent, mais elle réalisa bien vite que des parterres de plantes exotiques auraient l'air déplacés. C'était le genre de choses qu'on faisait à Polperro. Elle avait uniquement fait le minimum pour que l'endroit vous « parle ». On n'y trouvait que des fleurs semées là par le vent. On avait parsemé la pelouse plantée sous les fenêtres de sculptures en pierres du coin et en bois flotté. L'ensemble faisait à la fois un peu désolé et sauvage – exactement l'effet recherché par Evelyn. Après avoir fait quelques pas, le jeune homme s'exclama :

– C'est vraiment beau. Superbe même.

Seth réprima l'envie qu'il avait de le regarder et s'intéressa plutôt au coucher de soleil.

– Oui. N'est-ce pas, dit-il, c'est une des choses qui m'énerve à Londres – que l'on ne puisse pas admirer le soleil se coucher. On peut si on est en hauteur, mais ce n'est pas la même chose.

Le jeune homme gloussa. Seth se rendit compte qu'il se moquait de lui.

– En fait, je parlais du jardin.

– Ah.

Seth rougit dans la lumière tombante.

– Les sculptures sont très belles. De qui sont-elles ?

– Ma mère les a achetées dans le coin. Je crois que les deux petites là-bas sont de Virginia Rawsthorne, celle-ci est une Barbara Hepworth, là c'est un essai de Bronwen – qu'elle nous a offert l'année dernière, et ça c'est une Steiner achetée à Londres. Je ne suis pas trop sûr pour les autres.

Ils se dirigèrent vers l'un des bancs vernis en gris qui faisaient face aux champs bordant la mer.

– Bronwen est vraiment incroyable. Elle vient juste de me coincer.

– Tu travailles en tant que professionnel alors ?

– En tant que quoi ?

– Professionnel. Un des pro de l'orchestre. Bronwen a tendance à leur sauter dessus, parce qu'ils sont nouveaux.

– Oh. Je vois. Non, je ne suis qu'un artisan de l'ombre. Je restaure les anges de l'église pour payer mon loyer.

– Où loges-tu ?

– Chez des cousins de Trenellion.

– Vraiment ? Dans quel coin ?

– Désolé. Je parlais du château de Trenellion.

Seth tressaillit.

– Qu'y a-t-il ? lui demanda Roly.

– C'est la deuxième fois en vingt-quatre heures que je fais la même erreur.

– Je ne suis pas vraiment comme eux. Dieu merci, je suis la brebis galeuse. Nous ne nous entendons pas très bien, du coup, je loge dans leur phare.

Ils atteignirent le banc et s'assirent. Roly admira la vue.

– Tu as tout à fait raison, dit-il, la vue aussi est magnifique.

Derrière eux quelqu'un ferma la porte-fenêtre et les bavardages de la soirée furent remplacés par le bruit lointain du port. Les mouettes étaient parties se coucher. Roly observa Seth et sourit en soufflant légèrement par le nez. Il avait un très beau nez, mais Seth ne savait pas quoi dire. Du coup, il posa des questions à la place.

– Tu joues d'un instrument, le burin mis à part ?

– De la trompette, dans le temps.

– Plus maintenant ?

– Je trouvais le répertoire trop limité. Et j'étais plus doué pour l'art.

– Un peu comme moi. On ne m'a pas laissé poursuivre l'allemand, parce que je chantais dans le chœur, et les deux cours tombaient en même temps.

– *Du bist ein Tenor ?*

– *Aber natürlich, Herr MacGuire.*

– Tu vois. Tu as quand même appris quelque mots.

– Ça vient des *kantaten und lieder*. Qu'est-ce qui fait de toi la brebis galeuse ?

– Ils trouvent plutôt gênant que toutes les filles qu'ils me présentent deviennent seulement de bonnes amies. Dans l'ensemble, je préfère les hommes.

Surpris, Seth rougit et émit involontairement un petit cri de surprise. Roland, qui ne s'attendait visiblement pas à cette réaction, eut l'air soucieux.

– Désolé. Ça te choque ?

– Non. Je ne crois pas, c'est juste que personne ne me l'a jamais dit de façon aussi directe.

– Et tu trouvais ça normal ?

– Oui. Il y a deux solutions : soit je le devine – d'instinct –, soit ils tournent tellement longtemps autour du pot que c'est moi qui mets fin à leur supplice.

– Comment ?

– En les embrassant. En général.

– Seth, c'est vraiment mignon ! Tu veux de l'eau ou quelque chose ?

– N'en parle pas. Les gens parlent trop, et ça aggrave les choses.

Roland rit.

– C'est la première fois que tu en parles aussi ouvertement, n'est-ce pas ?

– Oui.

Quelqu'un qui venait d'utiliser les toilettes de la salle de bain ouvrit la fenêtre pour aérer. On entendit le bruit de la chasse d'eau et le sifflement de celui qui l'avait tirée. *La ci darem la mano*. Seth regarda par dessus son épaule. La moitié des invités étaient partis, afin de régler le problème de savoir qui restait dormir, et où, ainsi que pour épargner à Mère de fournir des provisions à grande échelle. Seth se retourna et observa le bord du disque solaire qui disparaissait dans l'océan. Les ombres projetées par les sculptures s'allongeaient dans l'herbe. Il ne pouvait pas regarder Roly. Il aurait aimé que personne ne soit encore parti. Roly soupira et se passa la main dans les cheveux. Le mouvement attira le regard de Seth et leurs yeux se croisèrent. Ils sourirent. Seth fit jouer ses muscles pour se lever mais se décontracta à nouveau quand Roly brisa le silence.

– Cette maison est extraordinaire. Tu as vraiment de la chance.

– Oui. Je suppose. Je ne supporterais pas de ne pas pouvoir venir m'y réfugier tous les étés. Imagine devoir travailler toute l'année dans un bureau d'Oxford Street pour ensuite claquer toutes tes économies pour quinze malheureux jours à Mykonos ! Je suis sûr que si je me réveillais demain matin à Pinner, Tring ou n'importe lequel de ces endroits où ils doivent vivre, je me trancherais les veines.

Il y eut un silence. Un silence de mort qui gela le cœur du garçon. Du même genre que celui qui avait suivit la fois où Mère s'était essayée à un griffonnage obscène. Roly prit une profonde inspiration et se mit à parler de façon si inattendue que Seth sursauta.

– C'est exactement le genre de propos que je m'attends à entendre dans la bouche d'un gamin privilégié de Hampstead comme toi. Tu te prélasses sur ton banc de luxe, dans ton costume de petit chef, avec ton verre de pinard de supermarché – parce que ça peut être amusant pour une fois –, et tu dénigres tranquillement la moitié de la population !

– Non, ce n'est pas vrai. Je ne suis pas comme ça d'habitude. J'essayais juste d'être drôle.

– Oh, youpi. Je suppose que dans cette autre vie, tu es un membre du Parti des Travailleurs Socialistes, bien à jour de ses cotisations.

– Non. Tu te doutes bien que non. Mais je fais ce que je peux.

Seth devenait frénétique. Les disputes n'étaient pas censées arriver si vite. Ils se connaissaient à peine.

– « Je fais ce que je peux » – comme une mère de famille de l'époque victorienne déplorant l'inefficacité de la charité des gens. Qu'est-ce que tu fais précisément ?

– Je suis membre de la CND et j'ai été à une de leurs manifestations l'année dernière. Et… je fais parti de la Ligue Anti-Nazi.

Roly applaudit. Lentement. Seth aurait voulu se précipiter en hurlant dans les champs. La situation était aussi désagréable que parfaitement injustifiée. La politique pouvait devenir si désobligeante. Il avait l'impression que Roly l'avait frappé à l'estomac, alors même qu'il s'attendait à ce qu'il lui tende la main. Son sang ne fit qu'un tour. Imbécile de socialo.

– Tu n'es pas si sensé toi-même.

– Qu'est-ce que tu veux dire par là ?

– Eh bien… tu profites de tes parents riches qui te laissent vivre dans des phares et…

Seth se retrouvait bien vite à court de venin. Il fixa ses mains, heureux qu'il fasse quasiment nuit.

– Tu sais que ça n'a aucun rapport. Comme j'étais…

– Eh bien, qu'est-ce…

– Tu vas me laisser finir ?

Seth se mit à le haïr. Un préfet[1].

– Non, dit-il. Ça n'a rien à voir avec toi de toute façon. Je peux dire et penser ce que je veux sans avoir à me plier à tes idées gauchisantes, marmonna-t-il.

Roly s'était relevé. Il posa son verre sur le banc, à côté de Seth.

– Je ne m'excuserai pas, annonça-t-il, parce que je pense tout ce que j'ai dit.

– Non. Non. Je…

Seth leva les yeux vers l'obscurité.

– Je crois… il semble que nous ayons été un peu vite et que tu te retrouves déconcerté. Je pense que si tu y réfléchis une seconde, tu comprendras pourquoi j'ai dit ce que j'ai dit.

Son ton semblait inexorable.

---

1 - Élève des grandes classes chargé de la discipline. NdT.

– Bon je crois que je vais me taire et y aller. Je crois que j'ai heurté ton sens de l'hospitalité. Remercie ta mère pour moi, s'il te plaît. Je crois que je vais partir par là. Bonne nuit.

Il alla jusqu'au mur et bondit dans le champs. Puis il se retourna.

– Un de ces jours, tu devrais venir avec ton violon me jouer quelque chose. Ça me ferait plaisir, cria-t-il à Seth avant de disparaître dans la nuit.

Seth avait recouvré l'usage de la parole mais ne dit rien, tout courage l'ayant quitté. Il resta abasourdi, dans la semi-obscurité, la lumière de la maison dans le dos.

Bien qu'ayant une conscience politique, il considérait que, dans ce domaine, le fossé séparant la théorie de la pratique créait un dilemme trop important pour envisager de s'y intéresser. Pour lui, le socialisme était un peu comme le christianisme : un étrier moral qui soutenait les consciences hésitantes tout en leur infligeant parfois des remords salutaires. Il savait depuis longtemps qu'il lui serait difficile de devenir un socialiste militant, sans une bonne dose d'hypocrisie. Il croyait en l'égalité des hommes comme il croyait en Dieu, mais il ne pouvait plus nier qu'il appréciait ses privilèges et qu'il ne voudrait rien changer si tout était à refaire. Pas plus qu'il ne pouvait nier tirer beaucoup de plaisir de choses que n'importe quel chrétien très pratiquant éviterait. Quand il écoutait ces donneurs de leçons, il se sentait pris au piège et avait peur d'être conditionné.

En cherchant les points faibles dans le sermon de Roly, il maudit la tournure extraordinaire qu'avait pris leur conversation pourtant si prometteuse. Il s'indigna en songeant que, bien qu'étant le plus privilégié des deux, le jeune MacGuire avait rendu son opinion plus sensée que la sienne simplement en disant des choses convenues. En étant plus agressif que Seth, le parasite et sculpteur sans intérêt (ses créations étaient très certainement idéologiquement douteuses) avait couvert ses arrières, tout en pointant cruellement le doigt sur les faiblesses de son adversaire. Le rire franc de Bronwen interrompit le cours de ses pensées.

– C'est donc ici que tu te caches. Je me disais que comme tu devais t'ennuyer aussi, tu étais sûrement parti faire un tour. C'était consternant. Je n'aurais pas dû te dire ça, tu vas certainement le répéter à ta mère !

Elle éclata de rire et s'assit à côté de lui sur le banc.

– En fait, je suis sortie pour te dire bonsoir.

C'était un mensonge ; en fait, elle essayait de s'échapper.

– Merde ! Quelle heure est-il ?

Seth regarda autour de lui et s'aperçut que la maison semblait vide, à l'exception de Mère et de Venetia en train de débarrasser.

– Eh oui. Ils sont tous partis. Tu peux y retourner. Ha ! Je serais bien restée plus longtemps mais j'ai peur que ta mère n'essaye de préparer quelque chose à manger, et, vu qu'elle à l'air un tantinet épuisé, je crains que ce ne soit pas comestible.

Bronwen se leva, ses cheveux embrasés par les lumières de la maison.

– Bronwen, tu sais où se trouve le phare ? Depuis le temps que je viens ici je ne l'ai jamais vu. On pourrait y aller un de ces jours. A moins que ce ne soit trop loin ?

– Oh, non. On peux y aller. Mais le chemin n'est pas en très bon état. En partant de l'église, il faut environ trois quarts d'heure si on suit la falaise. C'est bien plus rapide par la route. Pourquoi ?

– Oh. Pour rien. Je me posais la question, c'est tout.

– Tu n'aurais pas lu Virginia Woolf[2] par hasard ?

– Non.

Bronwen gloussa comme un garde éméché et lui ébouriffa les cheveux.

– Tu devrais, dit-elle. Tu devrais. Quel drôle de petit.

Elle s'éloigna à travers champs. Seth l'entendit grommeler le Bach qu'ils étaient censés répéter le lendemain. *Quoniam tu solus* ; une aria.

2 - Référence à *The Lighthouse* (le phare) de Virginia Woolf. NdT.

Samedi Quatre

Le samedi soir, en arrivant devant sa porte, Mo s'attarda quelques instants dehors pour appeler Andy. D'habitude, il l'attendait sous une des voitures garées dans le coin. Pas de chat. Elle l'appela encore une fois.

– Andy ?

Toujours rien.

– Comme tu veux, espèce de couillon, marmonna-t-elle en entrant.

Andy sortit de la cuisine pour lui faire la fête.

– Qu'est-ce ?…

Elle allait allumer l'entrée lorsqu'elle aperçut un rai de lumière sous la porte de la salle de bain, au premier étage. Sur la table de l'entrée, il y avait une lampe-torche du genre industriel, recouverte de caoutchouc. La saisissant pour se défendre, elle grimpa silencieusement les marches. Elle s'arrêta juste devant la salle de bains et tendit l'oreille. Il y eut un bruit d'éclaboussure, puis quelqu'un ouvrit le robinet de la baignoire.

– OK. Qui est là ? demanda-t-elle avec brusquerie.

Elle entendit un hoquet de surprise immédiatement suivi d'une réponse hilare.

– Bordel, tu m'a fait une de ces peurs ! C'est moi, Hope. Je suis venue prendre mon bain chaud.

– Comment es-tu entrée ?

– J'ai glissé un couteau suisse sous la fenêtre de ta cuisine. J'espère que tu ne m'en veux pas.

– Non. C'est pas grave.

Tandis que l'invraisemblance de la situation lui apparaissait dans toute sa splendeur, Mo se vit en train de paniquer sur le palier, cramponnée à sa lampe-torche, ne sachant plus trop quoi faire.

– J'arrive dans une seconde, dit Hope.

– Oh. D'accord. Je serai… euh… en bas.

Elle commença à redescendre quand elle se souvint qu'elle portait toujours ses bottes de moto. Elle fit vite demi-tour et se précipita dans sa chambre. C'était la première fois depuis des années qu'elle se souciait de son apparence. Elle aurait préféré être en hiver, pour pouvoir enfiler un pull large et se sentir moins grosse. Elle quitta son corsage et enfila une vieille chemise qu'elle mettait souvent pour bricoler. Elle échangea ses bottes – qui finirent sous le lit – contre des tennis, pour finalement rester en chaussettes. Elle ne mit pas de parfum parce que ça lui donnait des rougeurs. En redescendant, elle passa la main dans ses cheveux courts et se dit qu'elle aimerait bien avoir un « truc en plus ». Elle jeta un œil dans le salon. Il faisait trop bien rangé. Elle alluma la télé pour faire du bruit et jeta des coussins un peu partout. Son regard tomba sur le livre de Klimt, abandonné sur la table basse. Elle l'ouvrit et le déposa sur le canapé, mais, ne tombant que sur des reproductions de filles à poil entourées de feuilles dorées, elle finit par le refermer et le laissa sur la table de travail de la cuisine. Elle ouvrit l'enveloppe arrivée le matin. Un chaton bleu sur un champignon.

« Joyeux anniversaire, ma chérie. Bisous, Mumsy. On se voit mardi pour le thé. XXX. »

Andy miaula. Elle le regarda tourner autour de ses jambes et reprit ses esprits d'un grognement empreint d'autodérision.

– Tu veux ta bouffe, c'est ça ? Et la vieille conne timbrée qui ne pense qu'à ses cheveux, dit-elle à voix basse.

Elle se rappela les courses faites en revenant du boulot.

– Je t'ai acheté une surprise ! Je suis passée chez notre grand ami le Pakistanais.

Elle retourna dans l'entrée prendre le sac qu'elle y avait laissé.

– Admire moi ça ! dit-elle en mettant un paquet sous le nez d'Andy. Comme c'est l'anniversaire de la vieille conne timbrée, tu as droit à ton plat préféré : Turina Deluxe Prêt-à-Servir. Génial, non ?

Elle coupa un coin du paquet et vida le contenu rosâtre dans l'écuelle du chat. Il se précipita dessus en gargouillant et Mo lui caressa le dos.

– Comment s'appelle-t-il ?

Hope lui souriait depuis l'embrasure de la porte.

– Andy.

– C'est joli. C'est un vrai phénomène.

– Il t'a bien accueillie ?

– Ça, le moins qu'on puisse dire c'est qu'il ferait un très mauvais chien de garde. Je t'ai emprunté ça, ça ne te dérange pas ?

Elle portait la vieille robe de chambre en éponge de Mo.

– Pas de problème.

– J'en ai toujours voulu une – je déteste m'habiller juste après un bain. J'aime bien me promener un peu en me sentant toute propre.

Il y eut un silence pendant que Mo se relevait en se frottant le dos.

– Tu veux du rhum ?

– Du rhum ?

– Ouais. J'ai reçu le chèque du chômage alors j'ai investi.

Elle sortit une bouteille de derrière son dos en souriant.

– Oh... euh... super, dit Mo, complètement dépassée. Entre.

– Merde. C'est une superbe télé, dit Hope. Non, n'allume pas – j'adore la lueur de l'écran.

– C'est mauvais pour les yeux, non ?

– Pardon ? Répète ?

– OK.

Mo rit et s'assit sur le sofa.

Elle était contente d'avoir retiré ses chaussures, et en profita pour ramener ses jambes sous elle. La télé passait un western. Mo s'attendait à ce que Hope s'assoie dans l'un des fauteuils, mais elle ramassa un coussin et s'installa par terre, s'appuyant sur un coude. Ses cheveux étaient encore plus en pétard que la veille, sûrement à cause du bain. Elle y passa la main et soupira de plaisir.

– Mmm. C'est bon de se sentir de nouveau propre.

Elle dévissa la capsule de la bouteille et but une lampée. L'alcool la fit frissonner. Elle passa la bouteille à son hôtesse.

– Merci, dit Mo avec conviction en prenant une gorgée, puis une autre.

– Tu ne m'en veux pas de mon intrusion ?

– Non. Comme je ne m'y attendais pas, j'ai été un peu surprise, mais je ne t'en veux absolument pas. Je ne vois pas pourquoi. C'est plutôt une agréable surprise.

– Qu'est-ce qui te faisait croire que je ne viendrais pas ?

– Je ne voyais pas vraiment ce qui aurait pu t'en donner envie, en fait.

– Je ne t'aurais rien promis si je n'en avais pas eu envie.

Elle sourit jusqu'aux oreilles. Grâce à la lueur de la télé, Mo remarqua qu'elle avait les oreilles légèrement en pointe.

– Alors comme ça, tu es riche ?

– Non, pas vraiment.

– Tu n'es pas au chômage. Qu'est-ce que tu fais ?

Son ton était curieux sans être agressif.

– Je travaille pour le Conseil Municipal. Je m'occupe des logements, mentit Mo.

Elle reprit du rhum. Bien que buvant normalement, elle était peu habituée à ce genre d'alcool pur. Elle sentait s'évanouir sa timidité et s'en réjouit. Elles regardèrent l'écran en silence pendant quelques minutes puis elle demanda à sa visiteuse :

– D'où vient ta famille ?

– De Brixton. Papa et Maman y ont ouvert une fruiterie. Le frère de Papa possède une petite pépinière et Papa vend sa production. Maman est morte. Il y a six ans. Un cancer.

– Tu vois ton père souvent ?

– Non, jamais. Je me suis enfuie à quatorze ans.

– Il n'a rien dit à la police ?

– Si, peut-être, mais je me suis coupé les cheveux et je les ai teints de cette couleur, et puis j'ai donné un faux nom au DHSS [1] en m'inscrivant. Rien de plus facile. Merci.

Elle but un peu plus que la première fois. Les Indiens, montés sur leurs chevaux volés, descendaient vers la vallée.

– Pourquoi t'es-tu enfuie ?

– Il venait de se remarier. Et toi ?

– Adoptée. Je n'ai ni frère ni sœur et mon beau-père est mort. Mumsy vit à Tower Hamlets. Il était entraîneur de boxe. (Elle s'interrompit.) Il travaillait aussi comme maçon.

– Je croyais que les combats de boxe étaient tous truqués.

– C'est vrai pour le catch. La plupart du temps. Pas pour la boxe.

– Oh. Tiens.

– Merci.

Mo but un autre coup. Andy entra avec raideur dans la pièce et sauta sur son fauteuil.

– Coucou, Andy, lui murmura Hope en se traînant sur le sol pour pouvoir le caresser.

La robe de chambre remonta sur ses jambes. Si blanches dans l'obscurité. Elle trempa un doigt dans le rhum et le mit sous le nez du chat. Il le lécha et la rugosité de sa langue la fit rire doucement. Pendant un petit moment, elle lui parla tranquillement en lui grattant la tête. Sur l'écran apparut une femme blanche ligotée dans un tipi. Elle se débarrassa de son bâillon et laissa échapper un cri perçant : « Davy ! Davy ! Par ici ! Pour l'amour du ciel dépêche-toi ! ».

Hope se tordit le cou pour regarder l'écran, puis se tourna tout sourire vers Mo. Mo, qui l'avait fixée avec attention pendant qu'elle dorlotait Andy, lui retourna son sourire. Puis son sourire s'évapora et elle la dévisagea. Hope l'imita ; comme une petite fille portant les vêtements de sa mère. Mo rompit la tension en laissant échapper un soupir amusé.

1 - Department of Health and Social Security : équivalent anglais de la sécu. NdT.

– Ce n'est pas juste, gloussa-t-elle, je suis la seule qui aie le droit de dévisager l'autre.

– Qui est-ce qui l'a dit ? Tiens.

Hope rampa jusqu'au canapé et lui tendit la bouteille. Mo se pencha pour l'attraper mais la cambrioleuse, fermant les yeux, la remplaça au dernier moment par ses lèvres.

Mo l'embrassa tendrement avant de la tirer à elle pour l'étreindre. Les yeux de Hope s'entrouvrirent un instant avant qu'elle n'attire à son tour son hôtesse contre elle. La robe de chambre était légèrement humide au toucher. Les cheveux de Hope sentaient le shampooing et ses membres avaient conservé une partie de la chaleur de son bain. L'orchestre s'électrisa à l'arrivée de la cavalerie et Mo glissa sur le sol à côté de la jeune fille. Leurs baisers devinrent bientôt plus doux et, soudain, Hope repoussa légèrement Mo.

– Attends, dit-elle, assieds-toi un instant.

Mo se rassit. Hope attrapa la bouteille de rhum, se mouilla le bout des doigts avec, et tint sa main devant le visage de son amante.

– Bien, murmura-t-elle, je te baptise, Mo, pour moi, pour moi, pour moi, et... pour moi.

A chaque mot elle effleurait Mo avec le liquide : le front, le nez et finalement la bouche.

– Voilà, dit-elle en souriant.

Mo rit et l'embrassa encore une fois avant de la repousser.

– A mon tour. Tiens, dit-elle. Je te baptise pour moi, pour moi, pour moi, et pour moi.

Elle tamponna de rhum le délicat menton en pointe de Hope.

– Sans oublier Andy !

En éclatant de rire, Hope fit sursauter le chat, ce qui aggrava son hilarité. Mo la serra contre elle.

– Est-ce que c'est sincère, demanda-t-elle, ou c'est comme le catch ?

– Espèce d'andouille !

Hope l'embrassa, avant de s'allonger à ses côtés, la tête sur le bras du canapé.

– J'étais vraiment de mauvais poil ce matin, dit-elle.

– Pourquoi ?

– Eh bien, j'étais en train de me promener et là quelqu'un m'appelle, d'un ton amical, tu vois. Je me retourne et je tombe sur ce poulet.

– Un poulet ?

– Un flic, andouille.

– Oh.

– Et tu ne devineras jamais, c'était une de mes meilleures copines de lycée. Je ne savais plus quoi dire. J'étais sous le choc, tu vois, alors je lui ai juste demandé comment elle allait et je me suis éloignée. C'était une petite révoltée au lycée. Redresse-toi.

Mo la regarda de côté pour voir s'il s'agissait d'une sorte de test, mais, en voyant le regard fixe de Hope, elle lui dit :

– Peut-être qu'elle... (Elle s'arrêta un instant avant de reprendre.) Peut-être qu'elle fait de la subversion passive, de l'intérieur.

– Qu'est-ce que tu veux dire ?

– Par exemple prévenir les gens avant les rafles, ce genre de truc.

– Ne dis pas d'âneries. Il suffit de les *payer* pour avoir ce genre de renseignements ; pas la peine de s'enrôler.

Il y eut un silence embarrassant, à peine comblé par les cris des Ojibwa en train de se faire massacrer et le tonnerre des sabots des chevaux.

– Viens, allons au premier, lâcha finalement Hope. Ces poneys me tapent sur le système.

Une fois qu'elle furent parties, Andy retourna se coucher dans son fauteuil. Une heure plus tard, il fut réveillé par les chants provenant de la chambre – *Stranger on the Shore*. Il sortit par le battant de la porte de derrière afin d'aller rendre quelques visites.

Dimanche Un

Evelyn dormait la fenêtre ouverte car elle appréciait un lit bien chaud dans une pièce fraîche. Elle ouvrait toujours les rideaux avant de se coucher, de façon à être réveillée par le soleil. Ce matin-là, il se déversait à flots dans la pièce et elle s'éveilla au chant des oiseaux. Elle s'habilla en vitesse et s'éclipsa par la porte de devant.

Le ciel était clair. L'air si pur qu'il lui brûlait les poumons. Elle cueillit un brin de pervenche qu'elle accrocha à son gilet et se mit à fredonner *Die Forelle*. La chapelle du village était à deux pas du pub. Elle avait raté la communion du pêcheur, qui se déroulait toujours à des heures impossibles – et qu'elle se réservait pour le dernier jour des vacances –, mais les portes de la chapelle étaient encore légèrement entrouvertes. Elle pénétra à l'intérieur et s'agenouilla sur le banc du fond. La douce lumière du soleil se déversait par les hautes fenêtres placées à l'est, laissant des tâches bleues et vertes sur les murs blancs. Il flottait dans l'air une odeur diffuse de bougies éteintes et celle, encore plus ténue, du *vino sacro*. Elle remercia Dieu de les avoir amenés ici sains et saufs, puis pria pour toute la famille : pour Huw et elle, afin que leur problème, quel qu'il soit, disparaisse ; pour Venetia, afin qu'elle atteigne enfin la plénitude ; pour Seth, afin que lui soit épargné l'orgueil ; et, finalement, pour Maman, afin qu'elle les quitte paisiblement dans son sommeil, mais pas dans l'immédiat, Dieu merci. Une toux grasse retentit derrière elle. Elle se leva, jeta un dernier regard au petit autel dépouillé, sourit à la sombre petite vieille qui venait d'entrer pour arranger les fleurs et s'en fut chercher du pain. Depuis quelques temps Huw souffrait de terribles maux de tête. Comme il avait oublié ses cachets en partant, Evelyn fit un saut à la poste pour les lui envoyer.

Seth avait dormi comme un loir. Il se réveilla en sursaut et se détendit dès qu'il réalisa qu'il n'était pas dans un dortoir. Sa mère frappa une seconde fois avant d'entrer.

– Bonjour, dit-il.

– Quelle magnifique matinée, lui répondit-elle, en ouvrant les rideaux.

Elle s'assit au bout du lit et sourit en découvrant ses cheveux ébouriffés par le sommeil.

– Je suis allée jusqu'au port. Du coup, nous avons du pain frais encore tout chaud pour le petit déjeuner.

– Mmm. J'arrive.

– Je vais aller réveiller Neesh.

Il s'habilla dès que la porte se fut refermée. Evelyn toqua doucement à la porte de sa fille.

– Chérie, l'appela-t-elle, il est presque huit heures. Je me suis dit que tu voudrais peut-être prendre le petit déjeuner avec nous pour que tu puisses commencer tôt tes révisions.

Il y eut un bruit de froissement accompagné d'un murmure indistinct. Evelyn ouvrit la porte et jeta un coup d'œil à l'intérieur. Comme la pièce était étouffante, elle alla ouvrir la fenêtre. Elle reçut un grognement de protestation et observa l'expression grincheuse de sa fille.

– Tu ne veux pas te lever ? lui demanda-t-elle. Il fait magnifiquement beau.

Seth entra, enfilant un tricot par dessus ses tempes mouillées.

– Laisse la traîner un peu, la pauvre, dit-il. Elle se lève très tôt à la fac. N'est-ce pas, Neesh ?

Elle émit un autre murmure, encore plus sinistre. Ce qui fit rire les deux autres, qui quittèrent la pièce en silence. Ils se rassasièrent de pain chaud et de confiture en avalant du café très fort dans les bols achetés au potier du coin. Ils accueillirent Mme Pym, qui soufflait comme une damnée, et se retrouvèrent bientôt en train de filer vers Trenellion.

Ils ouvrirent en grand les fenêtres de la voiture pour que le vent leur souffle dans les cheveux. Le bruit couvrit le son de la radio, qui exposait poliment les troubles du Moyen-Orient (indiquant que les événements du Golf avaient des chances de mal tourner), des représailles sanglantes en Ulster, un nouveau plan de paix avec les Russes, et la mort prématurée d'un acteur très populaire. Dans la cuisine, Mme Pym mit Radio 1 parce que ses programmes étaient plus agréables à écouter en travaillant, et c'était la station préférée de Miss Netia.

– Oh regarde, un bébé lapin ! s'écria Seth.

– Tu as eu le temps de discuter avec Harry Barnes, hier soir ?

– Oui. Enfin, un peu. Il est plus du ressort de Netia.

– Tu sais que c'est lui qui donne les conférences, cette année. Ça va sûrement être drôle – la reconquête du roman du XIXe siècle dans les années quatre-vingts.

– C'est bien. Elle va l'obliger à faire travailler ses méninges. Trollope est un de ses sujets de prédilection.

– C'est vrai. Avec qui as-tu discuté pendant des heures vers la fin de la soirée ?

Elle se rappelait très bien du jeune homme arrogant qui avait omis de la remercier après qu'elle lui eût offert une part de quiche.

– J'étais sur le point de sortir te chercher, quand la Grande Bron m'a dit que je ferais mieux de ne pas te déranger, que tu étais en pleine discussion.

Seth apercevait le clocher de l'Église de Trenellion qui pointait au-dessus des champs de maïs. Un grand poète l'avait un jour comparé à un lapin dressant les oreilles.

– Oh, c'était Roland MacGuire. Un des cousins. Il est ici pour restaurer les anges.

– Ah, c'est lui. Il vient bien de finir les beaux-arts à Édimbourg ?

– Peut-être. Je ne sais pas.

– Sympathique ?

– Très, mentit Seth.

– Il faut que tu me le présentes.

Quand ils étaient entrés dans la chambre, Venetia avait eu du mal à se retenir à cause de l'énorme tension qui l'habitait. Après qu'ils fussent sortis, elle était restée immobile, n'osant pas soulever ses couvertures, de peur de paniquer. Tout en écoutant les bruits du rez-de-chaussée – les bavardages, la radio, l'arrivée de Mme Pym – elle se mit à trembler. Mme Chose était en bas maintenant, en train de nettoyer et de ranger le bazar de la veille. Avec précaution, Netia souleva ses draps, puis l'immense T-shirt des Clash qui lui servait de chemise de nuit. Elle laissa échapper un petit hoquet de surprise convulsif et se mordit les lèvres. Son ventre avait bien pris quelques centimètres. Elle sauta du lit et mit le verrou avant d'examiner son abdomen dans le miroir. Le renflement inexplicable oscilla légèrement quand elle changea de position. Elle passa la main dessus. Aucune douleur. C'était plutôt ferme au toucher, plus ferme qu'un muscle au repos. Elle prit son ventre entre ses mains et appuya, d'abord doucement puis, poussée par la curiosité, d'un coup sec. Cette fois-ci la douleur la fit gémir et elle se rassit sur le lit. Des images de films vulgaires des années soixante lui revinrent à l'esprit pendant qu'elle enfilait une robe de chambre, avant de se glisser discrètement dans la salle de bain. Après avoir ouvert le robinet d'eau chaude de la baignoire, elle ferma la porte, tira les rideaux et s'agenouilla devant les toilettes. Elle s'introduisit l'index dans la bouche et appuya, provoquant un haut-le-cœur. Rien. A part quelques gouttes acides lui brûlant la langue. Elle n'avait pas avalé quoi que ce soit depuis les noix de cajou de la veille. Elle considérait la nourriture comme du poison mais se rendit vite compte que, si elle avait mangé normalement, elle n'aurait eu, au pire, qu'une digestion difficile. Afin de se débarrasser du goût désagréable qu'elle avait dans la bouche, elle se brossa les dents. L'eau du bain était beaucoup trop chaude mais, certaine que c'était la chose à faire, elle se força à y entrer. Elle chantonna un hymne en grimaçant, essayant de ne pas pleurer.

A l'exception d'un ensemble d'échafaudages installés sous un des vieux anges, la nef et le déambulatoire étaient déserts. Les gardiens originels des lieux avaient été défigurés par les efforts combinés de la pourriture et des scarabées. Roly les avait fait mettre dans un coin. Une fois leur état de délabrement évalué, la triste bande avait été entassée, dans l'attente d'un dernier coup de vernis, avant d'être envoyés dans un musée. Le comité avait décidé de l'inutilité d'essayer de recréer avec précision les originaux. Il pensait qu'une troupe de créatures ailées un peu plus moderne résumerait mieux l'esprit du festival. Roland avait terminé son travail le long de la première allée et il ne lui restait plus que deux anges à sculpter dans la seconde.

Une foule de musiciens admiratifs se tenait dans l'église. Seth était agacé que la contemplation du travail de sa nouvelle relation lui procure une telle sensation de fierté déplacée. Il se promena le long de la nef en observant les anges un par un. Le bois était très clair, de façon à être bien assorti avec la pierre tout en contrastant avec les poutres plus foncées du plafond. La lumière tombant du toit en verre se répartissait en de multiples rayons. L'effet était théâtral. Aucun des anges ne portait le même instrument de musique et leurs plumages étaient tous différents, tout comme le motif de leurs vêtements. Leurs visages comme leurs corps étaient asexués, et sérieux.

– Ce doit être atroce de créer quelque chose d'aussi original et de ne pas pouvoir le signer, déclara Evelyn.

– Oh, mais voyez-vous ma chère, il les a signés, lui répondit Jemima. En leur faisant la même coupe de cheveux que lui ! N'est-ce pas Seth ?

– C'est vrai Seth ? s'enquit sa mère.

– Eh bien, il n'a pas beaucoup parlé de son travail hier soir, lui répondit son fils, mais je suis sûr que c'est vrai.

Il rougit. Peter Grenfell s'avança le long de la nef, sa femme d'origine Suédoise se hâtant derrière lui, les bras encombrés de partitions. Lui portait son étui à hautbois.

– Bonjour tout le monde. Vous avez bien dormi ? Parfait. Maintenant allons-y, s'il vous plaît... nous avons beaucoup à faire avant le déjeuner.

La foule s'anima. L'air s'emplit de questions : qui s'asseyait où ; comment fallait-il jouer tel ou tel passage ; Peter voulait-il que l'on garde tout les *da capos* ? Auxquelles s'ajouta, en plus de la rafale de ragots racontés en hâte, la cacophonie provoquée par l'accord des instruments à cordes et à vents. Ainsi que le son bourdonnant du clavecin de Grigor, qui illustrait en musique une anecdote sur le Festival de Salzbury de l'an passé. Seth s'assit au second rang des premiers violons et accorda tranquillement son instrument.

– Seth. Content de te revoir.

– Bonjour.

Ils serra la main à Peter.

– Je ne t'ai pas beaucoup vu hier soir.

– J'étais dehors.

– Oh. Alors voilà, je trouvais un peu dommage que l'on ne t'aie jamais donné l'occasion de faire de solo. Je t'aurais bien laissé faire un récital mais tu comprendras que je doive donner la priorité à des pros aussi connus que Henry ou Jemima. Par politesse.

– Bien sûr.

– Quoi qu'il en soit, j'ai eu une petite conversation avec Evelyn hier soir et elle m'a rappelé qu'à Pâques, tu avais conduit les violons en sol mineur du lycée.

– C'est vrai, dit Seth en riant.

– Elle m'a aussi confié que tu l'avais vraiment impressionnée, et je sais combien une telle chose est difficile. Je me suis dit que tu pourrais t'asseoir au premier rang et jouer tous les solos. Megan vient juste d'avoir un bébé et m'a dit qu'elle n'avait eu le temps de répéter que le Berlioz. Elle serait ravie que tu conduises les violons à sa place. C'est d'accord ?

Seth était si excité qu'il arriva à peine à sourire et à hocher vigoureusement la tête en signe d'assentiment. Il se leva et gagna sa nouvelle place. Jemima poussa un « Hourra » bruyant et Seth surprit un regard furtif de bonheur dans le rang des violoncellistes.

Ce n'est que quand Peter les congédia pour la pause café, en plein milieu du *Credo*, que Seth s'aperçut qu'il était si tendu qu'il avait le dos trempé de sueur. Gêné, il se rendit dans le cimetière au lieu d'aller boire un café avec ses compagnons dans la sacristie.

L'église était la partie du domaine la plus proche de la mer. Avant de commencer la restauration, on avait fait venir un expert de l'Académie des sciences qui avait déclaré que le sol était tout à fait sûr et qu'il n'y aurait pas d'autre éboulement à condition que la mine reste fermée à jamais. Seth grimpa sur le mur du cimetière, face à l'église, le dos au vent, afin de faire sécher la sueur. Il finit par se calmer. D'où il était, il pouvait entendre à la fois le brouhaha de la foule dans la sacristie et le chant du chœur provenant de l'ancienne école. Ces derniers allaient probablement bientôt faire une pause car ils venaient eux aussi d'atteindre le *Credo*. Une sonnerie de clairon retentit. Seth descendit du mur, prêt à retourner travailler.

– Bonjour, Peake.

C'était la voix de Roly MacGuire. Seth se retourna et le découvrit en train de passer par dessus le mur. Ils se sourirent.

– Je ne savais pas que tu étais là.

– J'avais remarqué, dit Roly, c'est mon secret – enfin, notre secret, maintenant. Je ne voulais pas être assailli par des femmes me demandant de sculpter la tête de leur gamine. Du coup, je me suis trouvé un coin isolé, derrière ce mur. C'est parfait – le vent envoie les copeaux dans la mer, comme ça je n'ai pas à nettoyer.

– J'ai vu tes sculptures. Elles sont pas mal.

Seth avait choisi de sous-estimer son jugement, par sécurité.

– Oh. Merci, répondit le sculpteur de façon maladroite. Écoute, il faut que je te parle, seul à seul. Je ne dois pas te mettre en retard. On se voit ici, à l'heure du déjeuner.

– Salut, lui dit Seth.

Mais Roly était déjà retourné dans son repaire.

Le *Crucifixus* venait à peine de débuter que Seth se remémora la stupide conversation de la veille. Il se maudit d'avoir eu l'air si serein et d'avoir accepté de revoir Roly avec un empressement aussi enfantin. Roly était bien trop fier pour s'excuser et, de toute manière, il avait déclaré que des excuses seraient immorales – ou quelque chose dans ce genre. Malgré toute la bonne volonté du monde, Seth n'arrivait pas à se concentrer sur Bach. Il se faisait honte, à jouer un chef-d'œuvre de façon automatique pendant qu'il se laissait aller à d'absurdes rêveries. Au milieu des angoisses et des joies de la Passion, il s'imaginait écrasant MacGuire en lui déclarant que sa « politique » n'était que du baratin hypocrite composé d'idées abstraites et bancales, avant de lascivement subir les assauts vengeurs du vaincu, devant un océan bouillonnant et des mouettes hystériques.

– Bien. Il y a apparemment quelques problèmes qu'il faudra régler plus tard, mais, comme nous le savons tous, le vrai problème c'est le chœur en train de répéter dans l'école. La charmante Mme Willis, aidée de ses assistants, nous a préparé un pique-nique dans le jardin. Veillez tous à ne pas faire de saletés et soyez de retour à deux heures précises.

Seth se dépêcha de sortir avant que Mère ait fini son speech et ne s'aperçoive de sa disparition. Il abandonna l'idée d'aller chercher un sandwich au jambon. Il grimpa sur le mur et sauta sur le chemin, de l'autre côté, et découvrit l'atelier improvisé, la sculpture en cours recouverte d'une bâche afin de la protéger des mouettes. Pas de sculpteur. Seth entendit siffler, se retourna et l'aperçut, quelques centaines de mètres plus loin, au bord de la falaise, qui lui faisait signe. Il répondit et courut jusqu'à lui. Il mit un frein à son ardeur en le saluant d'un petit signe de tête. L'atmosphère était tendue. Roly était visiblement absorbé par ce qu'il allait lui dire. Ils marchèrent côte à côte, s'éloignant de l'église. Ils échangèrent quelques propos décousus sur la mer, les oiseaux et les anges, avant de tomber dans le silence et de laisser le paysage parler de lui-même. Au bout de cinq minutes Roly s'arrêta pour s'asseoir dans l'herbe, au bord de la falaise. Seth l'imita. Un ensemble de buissons les abritaient des regards indiscrets.

– Tu n'as pas le vertige ?

– Non, jamais.

– Bien.

Roly patienta une seconde et se lança.

– Écoute. Je sais que j'ai dit que je ne m'excuserai pas, mais je vais le faire quand même. Je suis vraiment désolé. C'était stupide de ma part. Évidemment je pensais tout ce que je t'ai dit, mais je n'aurais pas dû le dire de cette façon. Je devais être de mauvais poil et j'avais l'impression de trop bien te connaître.

Ne sachant quoi répondre, Seth marmonna quelque chose à mi-chemin entre l'indignation et le pardon.

– OK, je reconnais que c'était de l'hypocrisie flagrante, poursuivit Roly, je ne suis pas moins privilégié que toi. J'avais juste besoin d'un bouc émissaire et il s'est avéré que j'étais plus offensif que toi. Je suis vraiment désolé.

Seth éclata de rire. Roly eut l'air blessé.

– Qu'est-ce qu'il y a de drôle ? demanda-t-il.

– Rien. En fait... c'est juste que j'ai passé toute la nuit et une grande partie de la matinée à me demander comment démolir ton raisonnement, en vue de notre prochaine rencontre, et toi, tu viens de trouver la solution à ma place ! Maudit sois-tu ! Tu m'a volé la vedette ! Tu dois être encore plus égocentrique que je ne pensais.

– Moi ? Vraiment ? Tu trouves que je suis égocentrique ?

– Oui, sinon tu ne me serais pas sympathique.

Seth s'amusa avec un brin d'herbe.

– Je trouve les gens ouvertement altruistes démoralisants. Comme je n'arrive pas à les comprendre, je finis toujours par avoir des doutes sur leurs intentions. Ma mère est altruiste mais elle admet volontiers qu'elle n'agit ainsi que parce que la vertu la rend heureuse. Ça finit par vous retomber dessus. Je trouve plus sain de montrer son égotisme et de l'utiliser de façon constructive. Les Saints, eux, attrapent le cancer.

Roland éclata de rire, du soleil dans les cheveux.

– Tu es vraiment quelqu'un d'extraordinaire, dit-il spontanément.

– Tu n'es pas trop mal non plus, lui rétorqua Seth.

Roly mit une main sur son épaule et le fixa en faisant semblant d'être surpris.

– Vraiment ? s'exclama-t-il. Oh, mais c'est merveilleux !

Ils gloussèrent, se fixant effrontément. Quand il se fut calmé, Seth posa la main sur la cuisse de Roly, qui la recouvrit avec la sienne. Seth espérait ne pas avoir à se lever en hâte.

Quand est-ce que tu dois y retourner ?

La voix de Roly était sérieuse.

– Oh, merde ! jura Seth en jetant un œil sur la montre de Roly, je vais être en retard, et je suis censé diriger. Mère va me tuer.

Il se releva. Roly fit mine de l'imiter mais Seth l'arrêta.

– Non, se moqua-t-il, je veux m'enfuir en te laissant fixer la mer et pousser des soupirs.

Il rit en regardant le sculpteur se mettre de profil devant l'horizon et se dépêcha de retourner à l'église, esquivant les terriers et se fredonnant *All we like sheep*. Roly soupira et s'allongea dans l'herbe saumâtre, les yeux perdus dans le bleu du ciel. Une alouette, effrayée par la course du garçon, apparut dans son champ de vision. Son chant féroce lui emplit les oreilles. Il venait d'avoir l'idée d'une sculpture.

Pendant les répétitions des deux premiers mouvements avec le chœur, Seth ne se sentit plus distrait par Roly. L'effort fourni ne le faisait plus transpirer. Tout ce qui concernait Roly le stimulait. Même les « blaques » de Grigor devenaient drôles. Quoi qu'il en soit, pendant le *Gloria* il se laissa emporter par la musique. Il se souvint avoir observé Mère en train de travailler, pendant les vacances scolaires. Tous ses élèves étaient regroupés au centre du gymnase ensoleillé. Elle avait mit le *Gloria* et monté le son à fond. Puis elle s'était mise à bondir autour des enfants en souriant et en chantant.

– *Gloria ! Gloria in excelsis deo !* Allez, Stephanie, danse avec moi ! *Gloria ! Gloria !* C'est ça ! Heureux, heureux, heureux !

Sans qu'on leur ait dit quoi que ce soit, ils s'étaient tous donné la main et avaient formé un cercle autour d'elle, en gémissant faux mais avec bonheur, faisant tinter les boucles de leurs sandales. *Gloria in excelsis !*

Seth aperçut Roly, assis au fond de la galerie. Un rayon de lumière illuminait son visage et ses cheveux. Les cheveux d'un ange. Seth lui envoya un sourire et rata une note aussi sec. Quand il le regarda à nouveau, il vit que Roly rigolait.

A la fin de l'après-midi Evelyn et Jemima vinrent le voir.

– Excellent, mon amour, dit Evelyn, tu dois être épuisé.

– J'essaye désespérément de convaincre Evelyn de venir, elle et mon filleul, manger un morceau, dit Jemima. Peut-être pourrais-tu la convaincre.

– Oh, allons-y ! s'emballa aussitôt Seth. Une soirée chez J ne peut être que marrante.

– Je suis donc rigolote en plus d'être douée, plaisanta J.

– Et cette pauvre Netia, on ne va pas la laisser toute seule ? demanda Mère.

– Elle n'a qu'à venir aussi, dit J.

– Franchement, il vaut mieux pas, Maman. Elle s'en sortira, dit Seth, elle adore être toute seule. Elle peut lire tranquille, et il n'y a personne pour l'obliger à ingurgiter de la nourriture qui fait grossir alors qu'elle préfère manger une feuille de laitue.

– Tentateur, je succombe, dit Mère. C'est d'accord J.

– Formidable, dit J. A propos, Seth, ta mère me demandait qui était le splendide jeune homme au fond de la galerie, celui avec qui tu as échangé un signe. Je lui ai rétorqué qu'elle avait dû rêver – il n'y a jamais eu personne de splendide assis là-bas. Dieu sait que j'ai pourtant regardé souvent.

– Qui était-ce ? demanda Mère.

– Le sculpteur d'anges.

– Oh, dit-elle, un sourire forcé sur les lèvres. Je vois.

Dimanche Deux

En dormant dans les bras de Hope, Mo rêva de son ancienne amante. Elle était dans l'entrée de l'appartement de Earls Court, en train de paniquer en essayant d'ouvrir la porte pour sortir. Elle avait les gants de conduite de Maggie à la main, et il était vital qu'elle lui dise de revenir les chercher parce qu'il y avait une tempête. Maggie venait juste de partir et Mo se retrouvait en train de se battre avec la porte en l'appelant. La sonnette retentit et elle ouvrit. C'était encore la femme flic. Ses lèvres ne bougeaient pas mais une voix apaisante dit :

– Mais bien sûr, je les lui donnerai. Signez ici s'il vous plaît.

Mo avait signé et la jeune femme était retournée sans tarder à sa voiture, la petite voiture de Mag, et était montée dedans. Quelqu'un d'autre conduisait. La porte s'était refermée brutalement. Mo se réveilla en sursaut. Il faisait jour. Huit heures. Hope était partie.

Ses idées s'éclaircissant un peu, Mo attrapa le téléphone d'une main mal assurée et composa un numéro.

– Jack ?... Salut... Oui... Je serai un peu en retard... Non. Rien de grave. Rien que ne puisse régler un plombier. Je l'attends d'une minute à l'autre... Ouais. OK. A tout à l'heure. Salut.

Elle s'habilla, se passa de l'eau froide sur le visage, et se prépara deux Alka-Seltzer. Pour la première fois en dix ans elle ne fit pas son lit. Elle alla ramasser les journaux du matin sur le paillasson avant de mettre de l'eau à bouillir. Andy passa la tête par la chatière.

– Salut, And. Ouais, je sais, ne dis rien. Tiens.

Elle lui versa une écuelle de lait et ferma les yeux en se relevant, attendant que le vertige passe. Elle respira profondément et avala les Alka-Seltzer. Les petits grains au fond du verre la firent frissonner de tout son corps. Elle s'empressa de boire une gorgée de jus d'orange à même la bouteille pour se débarrasser du goût. C'est là qu'elle remarqua le mot. Le livre de Klimt était ouvert, à côté de la boîte à pain. Son portefeuille, ouvert lui aussi, posé sur la couverture pour empêcher le bouquin de se refermer. Sur la page où Maggie lui avait souhaité un joyeux anniversaire de son écriture ronde, était gribouillé : « Pourquoi tu m'as pas dit que t'étais flic ? Merci pour la soirée. A un de ces jours, peut-être ».

Mo ramassa le portefeuille. Elle eut l'impression que sa carte d'identité la fixait. Il manquait un billet de cinq livres. Elle jeta le portefeuille en jurant et arracha la page mutilée du livre. Celle-ci se coinça et elle dut déchirer le livre pour l'arracher complètement. Il tomba sur le sol, ses pages s'éparpillant partout. Mo piétina les décombres, les écrasant du talon. Andy repartit dans le jardin en miaulant. Mo se mordit les lèvres, tomba à genoux, ramassa les débris du livre et les pressa contre sa poitrine. Elle sentit une boule se former dans sa gorge tandis qu'elle se balançait près du placard.

– Merde, merde, merde et merde, murmura-t-elle en essuyant vivement de la main une larme rebelle qui perlait sur sa joue.

La bouilloire se mit à siffler sans conviction. Mo se releva, posa les restes du livre et se fit du thé. Elle eut un haut-le-cœur. Andy réapparut et sauta sur une chaise à côté d'elle en miaulant.

– Vas-y, moque-toi de moi, espèce de petit salaud sans cœur. Je m'en fous.

Elle lui tendit la main pour qu'il s'y frotte la tête. Le téléphone sonna. C'était la Relève.

– Chef ?

– McEnery, bonjour.

– Bonjour. Votre plombier est arrivé ?

– Quoi ? Oh, oui. Il est en plein travail.

Mo regarda son chat et lui fit un clin d'œil.

– Il s'est passé des trucs, et Jack – je veux dire le Brigadier Melly – se demandait si vous pouviez venir y jeter un œil.

– Quel genre de choses ?

– C'est en rapport avec les cambriolages d'hier. Il y en a eu un autre qui ressemble beaucoup aux deux précédents ; même méthode – il y a sûrement un lien.

– Dis à Jack que j'arrive tout de suite.

– Super.

– Oh… McEnery ?

– Oui, chef ?

– Sois un chou et fais-nous du thé.

Mo donna son petit déjeuner à Andy, verrouilla la porte ainsi que la chatière, prit son casque et sortit. Andy la suivit en trottinant, pour aller accueillir la laitière. Mo grimpa sur sa moto en se demandant s'il était possible de faire de la subversion passive, de l'intérieur.

– Votre thé, Brigadier.

Il arrivait à la Relève d'être tout miel.

– Merci, McEnery. Tu veux ma place ou quoi ?

McEnery remit en place son couvre-chef en souriant.

– Alors. Quoi de neuf ?

– Un cambriolage dans une maison chic de Brompton Road ; elle appartient à Miss Katya Garcia. Une astrologue, comme Papas et Stazinopolos, mais un peu plus sérieuse.

– Ah bon ? Elle croit ce qu'elle écrit ?

– Elle utilise des méthodes plus scientifiques. Elle écrit pour des revues occultes « sérieuses » et donne des conférences – ce genre de choses. Elle prétend avoir reçu toute une série de coups de téléphone hier matin – sans personne au bout du fil. Les appels provenaient d'une cabine. Miss Garcia s'est un peu inquiétée parce qu'elle supposait qu'il s'agissait de quelqu'un qui voulait vérifier si elle était chez elle. Mais elle avait un rendez-vous impossible à annuler. En partant, elle a encore entendu le téléphone sonner et s'est dit que, cette fois, il s'agissait certainement d'un faux numéro.

– Quelle conne.

– Elle est en train de faire sa déposition à côté.

– Tiens donc. Continue.

– Évidemment, elle avait tort. En revenant de son déjeuner vers trois heures et demi, elle ne remarqua rien d'anormal jusqu'à ce qu'elle se rende dans son cabinet pour travailler. Quelqu'un avait fouillé dans son bureau et volé tous ses travaux récents. Elle est très contrariée à cause d'une conférence qu'elle devait faire pour une association.

– Des empreintes ?

– Aucune. Pas même un cheveu. Un travail de pro.

– Pourquoi n'a-t-elle pas porté plainte plus tôt ?

– Elle l'a fait – tout de suite. Mais Chelsea n'a pensé à nous en parler que quand le légiste a fait le rapprochement avec les deux autres cambriolages. Elle a l'air bien décidé à nous aider – à cause de ses dossiers volés je suppose – du coup je lui ai demandé de revenir faire une seconde déposition, pour voir si les trois vols concordent.

– Elle est là ?

– Oui, avec Jack... je veux dire...

– ...le Brigadier Melly.

On pouvait entendre la voix de la femme, dans la pièce d'à côté.

– J'y vais, dit Mo, pour avoir une petite discussion.

Miss Garcia était assise face à Jack, tournant le dos à la porte. Il avait manifestement arrêté de prendre des notes, et hochait la tête avec compassion pendant qu'elle radotait. Mo remarqua immédiatement qu'elle avait un accent tout à fait anglais. Peut-être avait-elle été élevée à Knightsbridge par une nounou de Norland. Elle était habillée avec goût, sans en faire trop, une paire de lunettes en écaille de tortue et un collier de perles se balançant sur sa poitrine maigrichonne pendant qu'elle parlait. Elle n'entendit pas la porte s'ouvrir. Le regard de Jack s'attarda sur Mo un instant, empli de désespoir, avant de se reposer sur sa cliente.

– Vous comprenez, il est de la plus haute importance que je récupère ces dossiers. Ça n'aurait pas pu arriver à un pire moment, voyez-vous, juste quand le public doit apprendre la vérité.

– Quelle vérité, Miss Garcia ? demanda Mo.

Garcia se retourna, légèrement surprise.

– Qui êtes-vous ? demanda-t-elle ?

– Inspecteur Faithe, à votre service, Madame.

– Enchantée.

– Moi aussi. Quelle vérité ?

– Mais, ma chère, le fait que le monde est sur le point de changer.

– De changer ? En quoi ?

– C'est assez difficile à expliquer en langage profane, mais, en faisant une grossière généralisation, je peux affirmer avec certitude que la société telle que nous la connaissons et l'apprécions ne sera plus jamais comme avant après vendredi prochain. C'est assez incroyable – il s'agit de la plus forte concordance de prédictions que j'aie pu voir depuis la dernière guerre. Beaucoup d'experts sont d'accords avec moi, vous savez. J'étais censée faire un discours sur le sujet mercredi prochain pour l'Académie des Égyptologues, mais maintenant que ce fou a volé tous mes dossiers, c'est impossible.

– Vous ne vous en rappelez pas ?

– Ma mémoire n'est plus ce qu'elle était, mais je doute avoir jamais été capable de mémoriser autant d'informations, même quand j'étais très jeune. Évidemment je pourrais exposer les grandes lignes aux gens de l'Académie, mais – et on les comprend vu le nombre de charlatans qui courent les rues – ils sont très suspicieux, et il me faut des chiffres et des faits précis pour appuyer mon exposé.

– Miss Garcia, connaissez-vous quelqu'un, un collègue jaloux par exemple, capable de voler vos idées.

– Non. Je n'en ai parlé à personne, et, au risque de paraître prétentieuse, je doute qu'un simple amateur soit capable de comprendre mes travaux.

– A quel genre de changements faut-il s'attendre vendredi ? La troisième guerre mondiale ?

– Inspecteur, vous devez comprendre que les étoiles, tout comme les tarots, ne sont pas aussi clairs qu'un livre. Leurs prédictions sont rarement très précises. Il s'agit plus d'une sorte de langage codé, qui guide, suggère ou conseille.

– Seuls les aveugles cherchent des réponses précises, dit Jack, sur le ton de celui qui répète sa leçon.

Miss Garcia se tourna vers son élève.

– Exactement. Le problème est...

La porte s'ouvrit. McEnery.

– Oui ?

– Chef, il vient d'y avoir un autre cambriolage.

– Où ?

– Kensington, pas loin de Campden Hill.

– Qui ?

– Seamus O'Leary.

– Du *Daily Express* ?

– Oui.

– Allons-y.

– Oh, Dieu merci, vous voilà. Entrez, je vous en prie.

La main ornée de bijoux de O'Leary s'égara dans ses cheveux blonds comme s'il les rassurait sur l'identité de ses visiteurs. Il gloussa de façon nerveuse.

– C'est comme à la télé ; vous pensez que ça ne vous arrivera jamais. J'imagine que tout le monde vous dit ça, n'est-ce pas ?

Il continua de glousser.

– Si vous voulez bien nous dire exactement ce qui s'est passé, dit Mo, qui prenait déjà des notes en sténo.

Elle remarqua des traces de sang sur le tapis de l'escalier. O'Leary suivit son regard.

– C'est le sien, dit-il.

– McEnery, appelle le légiste, s'il te plaît.

– OK.

– Vous n'avez pas essayé d'éponger ces traces ?

– Non, je me suis dit qu'il valait mieux pas.

– Bonne initiative. Cette vieille Audrey Fox a encore frappé.

– Vous lisez aussi ses livres ? Je les ai tous. Désolé.

– Poursuivez.

Il promena son regard sur les motifs du papier peint, rassemblant ses idées. Il se caressa les cheveux et se lança.

– Voyons. Ça a dû arriver vers une heure du matin. J'étais couché, au premier. Oui, ça me revient, j'ai remonté mon réveil vers minuit, juste avant de me coucher, donc c'est bien arrivé sur le coup de une heure.

Mo était agacée par sa manie de ne pas prononcer les r.

– Un bruit m'a réveillé, poursuivit-il. J'avais l'impression que quelque chose clochait, comme souvent quand on se réveille en sursaut, vous voyez ce que je veux dire ?

Mo acquiesça.

– Bien, donc j'ai allumé, je me suis assis et j'ai écouté attentivement. Il y a eu un deuxième boum. Il s'agissait de quelqu'un qui venait de se cogner dans une chaise, parce que je l'ai entendue tomber en même temps que quelqu'un... enfin qu'un homme a poussé un juron. J'ai gardé mon calme. Le seul poste de téléphone se trouve dans le bureau – d'où provenaient les bruits – je n'ai donc pas pu appeler la police.

Se souvenant à qui il parlait, O'Leary eut un petit sourire narquois.

– Donc, je descends doucement, aussi silencieux qu'une souris, et je jette un coup d'œil du haut des escaliers. Regardez, on le voit d'ici – quand la porte du bureau est ouverte, on peut regarder depuis l'étage. Enfin, donc je l'ai vu.

Il s'arrêta un instant pour ménager le suspense.

– Il ne pouvait pas me voir car il me tournait le dos.

– Que faisait-il ?

– Il était devant mon bureau, en train de fouiller dans mes affaires. Je sais que c'était stupide mais, franchement, quand je l'ai vu faire, avec autant de sans-gêne, c'en a été trop. J'ai vu rouge, comme on dit. Je suis descendu très vite et suis allé directement dans la cuisine prendre le couteau à découper sur le mur. Je ne suis pas quelqu'un de violent, vous savez, je n'ai jamais fait de mal à une mouche, mais là je suis devenu fou, vraiment fou. Je me suis mis dans l'embrasure de la porte, comme ça, pour l'empêcher de s'échapper, et je lui ai dit : « Qu'est-ce que vous faites ? » Vous voyez ? « Qu'est-ce que vous faites ? » En m'entendant il a bondi comme un chat. Il portait une cagoule et je n'ai pas pu voir à quoi il ressemblait. Il portait aussi des gants. D'après sa carrure je lui donnerais dans la quarantaine, mais c'est de plus en plus difficile à deviner de nos jours, vous ne trouvez pas ? Il est resté tranquille un instant avant d'attraper une poignée de feuilles et d'essayer d'ouvrir la fenêtre. Il est possible de sauter sur le toit du garage et ensuite, de là, dans la rue. Je me suis rué sur lui pour l'empêcher de s'enfuir. Il m'a vu faire ; du coup, il a attendu que je sois tout près pour se précipiter dans l'entrée. Il essayait de sortir par la porte de devant. Quand je l'ai rejoint, il montait déjà les escaliers. J'ai à peine eu le temps de le frapper avec le couteau. Juste au-dessus du talon, je crois. Ça a sûrement beaucoup saigné. Il s'est mis à crier et a foncé dans la salle de bain. Il avait l'air essoufflé. Je crois qu'il devait avoir aussi peur que moi !

En disant cela, O'Leary gloussa de plus belle.

– Il s'est enfermé dans la salle de bains. Je me suis précipité à la fenêtre de ma chambre, juste à temps pour le voir démarrer. Il était sûrement rentré par là. Vous avez certainement remarqué que la maison est bâtie sur une pente ; ce qui fait que les fenêtres de certaines pièces sont au niveau de la rue. J'avais laissé la fenêtre de la salle de bains ouverte après avoir pris un bain, pour ne pas abîmer le papier peint avec la vapeur. C'était idiot de ma part.

– Vous avez vu sa voiture ? lui demanda Mo, en montant au premier pour suivre le chemin emprunté par le fuyard.

Elle se demanda comment on pouvait installer des projecteurs dans sa salle de bains.

– C'est difficile à dire. L'avenue est très mal éclairée. Mais je suis sûr qu'il s'agissait d'une petite voiture. C'est tout ce que j'ai eu le temps de voir. Une Mini ou une petite Fiat, sûrement.

Mo fit le tour des lieux, en prenant des notes, sous les yeux du propriétaire. Une tante, sans l'ombre d'un doute. Elle s'en était aperçue dés son arrivée. Elle lui posa quelques questions supplémentaires, pour qu'il se sente utile. Il ne ressemblait absolument pas à sa photo dans le journal – ça n'avait rien de surprenant. La réaction de McEnery avait égayé sa matinée. Sa collègue n'était pas aussi cool qu'elle le prétendait. La façon qu'il avait de les regarder, en faisant semblant de ne pas en être, lui rappelait la vieille teigne de l'épicerie de Hackney. Tout le monde est un menteur potentiel. Lui aussi donnait l'impression d'être bien conservé, mais les efforts déployés ne tenaient pas la route.

– M. O'Leary, merci de nous avoir reçus. Je vous laisse avec l'agent McEnery pour attendre le légiste. Pour ma part, je vais me mettre à la recherche de votre victime.

Mo riait sous cape. O'Leary lui ouvrit la porte.

– Merci, lui dit-elle.

– C'est moi, Inspecteur. Êtes-vous sûre de ne pas vouloir du thé ?

– Non merci, mais je suis sûre que McEnery en serait ravie. Ah, juste une petite chose... (Elle s'arrêta près de la voiture de patrouille.) Les papiers qu'il vous a volés, ils traitaient de la fin du monde prévue pour vendredi, n'est-ce pas ?

– Comment avez-vous... bredouilla-t-il.

– Une intuition.

Elle sourit. O'Leary lui fit un petit signe avant de fermer la porte. Il rejoignit McEnery dans la cuisine en se plaignant.

– Tout ça c'est à cause de ces putains de magazines où on vous pousse à tout faire par vous-même ; même les gouines s'y mettent...

Lundi Un

Seth fut réveillé par des éclats de voix provenant de la chambre de Venetia.

– Pourquoi diable ne m'as-tu rien dit ?

– Tu ne m'as rien demandé.

– J'aurais difficilement pu me douter...

– Oh Mère, *s'il te plaît.*

– Quand est-ce que ça a commencé ?

– Écoute, je ne suis pas...

– Je sais, mais quand ?

– Avant hier, je pense.

– Il faut que tu voies un médecin. Tout de suite.

– Mais ils ne compr...

– Pas de mais. J'ai dit tout de suite.

Il y eut quelques secondes de silence.

– Seth ?

Des bruits de pas, suivis d'un coup sur sa porte.

– Seth, il faut que tu te lèves, maintenant. Il est huit heures dix.

– J'arrive, répondit-il.

Il sauta du lit, et s'empara de vêtements propres. Mère continuait de lui parler mais Seth ne comprit rien en dehors du fait qu'elle allait préparer le petit déjeuner. Agacé, il ouvrit sa porte et l'appela.

– Attends. Je n'entends rien d'ici.

Mère remuait beaucoup ce matin. A l'évidence, quelque chose la tracassait. Elle regarda Seth descendre les escaliers.

– Il faut que tu ailles à Trenellion sans moi.

– Pourquoi ?

– Netia est malade, je dois rester ici jusqu'à ce qu'elle ait vu le médecin.

– Qu'est-ce qu'elle a ?

– Oh, pas grand chose. Sûrement un simple mal de ventre.

– Alors pourquoi ?...

– Il faut que je reste avec elle, au cas ou ce serait l'appendicite.

– Pauvre vieille Neesh.

Il fit mine de remonter pour aller la voir mais Mère l'en empêcha.

– Non, chéri. Il ne vaut mieux pas. C'est peut-être contagieux. Écoute, pendant que tu déjeunes, je vais appeler le château pour demander si quelqu'un peut passer te prendre. J'en profiterai pour m'excuser. Si personne ne peut t'emmener, il reste le bus. Il passe bien à huit heures et demie ?

– Ouais.

Il s'assit et se versa des céréales. Mère composa le numéro du château.

– Il n'y avait pas de courrier ? demanda Seth.

– Non.

Elle mentait. Il s'en apercevait toujours. Il commença à manger pendant qu'elle parlait avec Jane, la femme du propriétaire.

A l'étage du dessus, le ventre de Netia avait encore gagné cinq centimètres. Pendant que Seth mangeait et que sa mère discutait, elle se rendit d'un pas chancelant jusqu'à la salle de bains, où elle vomit copieusement, penchée au-dessus des toilettes. Trop de sherry la nuit précédente. Elle se lava les dents, s'essuya les lèvres et lança un sourire ironique à son reflet.

– Je vous souhaite bien le bonjour, Miss O'Dowd, ronronna-t-elle.

Mère raccrocha.

– Tu ferais mieux de vite engloutir ce toast, chéri, dit-elle. Jane m'a dit qu'elle allait essayer d'envoyer quelqu'un, mais qu'il valait mieux que tu ailles attendre le bus au carrefour, quitte à le prendre si aucune voiture ne vient te récupérer.

– OK. Ça ira, dit-il en emportant son assiette et son bol dans la cuisine.

Une silhouette apparut à la porte d'entrée.

– Bonjour, Mme euh... (Evelyn était tout sourire.) C'est un peu la folie ce matin. La pauvre Venetia ne se sent pas très bien.

– Oh, la pauvre petite. Rien de sérieux, j'espère.

– Oh, non. Un simple mal de ventre.

– Quelle guigne. Le premier jour de ses vacances, en plus.

– Oui. Mais le médecin ne va pas tarder, et je me demandais...

– Je vais aller passer l'aspirateur au premier tout de suite, répondit Mme Pym, qui grimpait déjà les escaliers.

– Oh merde ! Le médecin ! s'exclama Mère, avant de se mettre à la recherche de son numéro.

Dans la cuisine, Seth était en train d'assembler les morceaux d'une lettre déchirée qu'il avait trouvée dans la corbeille à papier.

« Evie chérie,

C'est peut-être foutrement insultant, mais nous nous sommes toujours dit la vérité. Tu m'as demandé ce que je pensais des maux de tête de H. Je t'ai menti en te disant qu'il n'y avait pas de quoi s'inquiéter. C'est trop long à raconter par écrit – il vaut mieux qu'on en parle de vive voix – mais je l'ai observé *chez toi* [1] jeudi soir, et il m'a foutu une trouille bleue. Josh et moi revenons de Provence mardi de la semaine prochaine.

APPELLE-MOI.

Bisous, Jodie. »

Jodie était psychiatre. Seth remit les morceaux de lettre dans la corbeille et se dépêcha de sortir, attrapant son violon au passage.

– Dépêche toi, ou tu vas le rater.

– Salut.

Evelyn soupira en regardant son fils courir, puis elle se leva et alluma une cigarette. Elle fumait rarement. Quand ça lui arrivait, elle tirait toujours de longues bouffées.

A l'étage, Mme Pym avait fini de nettoyer et tapotait le lit pour bien montrer qu'il venait d'être fait. Venetia se hissa dedans avec difficulté, sans essayer de cacher son ventre proéminent. Elle leva des yeux pleins d'espoir.

– Vous y avez pensé ?

– Tu crois que je te laisserais tomber, ma chérie ? demanda Mme Pym avant de se pencher et de relever ses jupes, révélant ainsi un paquet de noix de cajou coincé dans la ceinture de son collant. Un paquet familial. Auquel elle donna une petite tape.

Seth avait souvent souhaité avoir des parents adoptifs à la fois froids et fascinants. Il ne pouvait pourtant pas dire que les membres de sa famille l'étouffaient avec leurs problèmes, bien au contraire, ils faisaient tout pour préserver une apparence de gaieté. Mais les liens du sang l'impliquaient néanmoins dans leurs désordres émotionnels. Un foyer brisé implique une rupture qui est, quoiqu'irrégulière, totale. Seth décida, en regardant le bus s'approcher, que sa famille était sinistrée.

Juste au moment où il montait à bord, il entendit le mugissement d'un klaxon. Se retournant, il découvrit une MG blanche au coin de la rue, Roly au volant. Il s'excusa auprès du chauffeur et sauta sur le bas-côté.

---

1 - En français dans le texte. NdT.

– J'ai dîné au château et je suis resté pour le petit déjeuner. Le coup de fil de ta mère m'a permis de m'enfuir avec élégance.

Seth grimpa dans la voiture, le violon sous un bras.

– Belle voiture de collection.

– Tu aimes ? Ça serait mieux si elle était à moi. Ils me la prêtent pour m'éviter de gâcher mon argent en m'en achetant une. Je crois qu'elle est de 1935.

– L'odeur du vieux cuir est merveilleuse.

– Espèce de petit pervers.

Après un virage ils durent s'arrêter pour laisser passer quelques vaches qui traversaient la route. Le bus arriva derrière eux.

– Si seulement je pouvais éviter l'église, soupira Seth.

– Mauvaise journée ?

– Oui, très mauvaise. Le genre de matinée où ta famille te tape sur le système.

– J'ai du mal à imaginer.

– Pourquoi ?

– Je n'ai pas de famille. Ma mère est morte en couches et mon père est parti quand j'avais quatre ans. Ils étaient tous les deux enfants uniques, comme moi. J'ai été élevé par une nounou et un comité composé de directeurs d'une banque d'Édimbourg et d'avocats. Il y avait eu une sorte de désaccord entre mon père et le peu de famille qui lui restait. Il était du genre à tirer un trait.

– On dirait du Deirdre Comstock – ça n'a pas dû être drôle, mais raconté comme ça, ça a l'air formidable.

– Ça n'a pas été si mélodramatique. Je suis Verseau, donc j'aime bien me sentir un peu à part. J'étais trop jeune quand ils sont morts pour vraiment les regretter. Mon univers était uniquement composé de ce que mon imagination inventait – ça coïncidait d'ailleurs souvent avec la réalité : une maison confortable où je vivais avec ma nounou, des jouets et un jardin. Allez chérie, dépêche-toi !

La dernière vache était en train de flâner devant le long capot blanc de la voiture. Elle tourna lentement la tête et fixa Roly avant de s'éloigner en prenant tout son temps.

– Je crois qu'elle vient de t'expliquer qu'elle n'est pas ta « chérie ».

Seth commença à transpirer. Il avait l'impression qu'ils en faisaient trop, comme Neesh quand elle n'était pas en forme.

– Tu as une sœur, non ? demanda Roly.

– Oui. Venetia. En ce moment, elle est couchée ; elle a peut-être l'appendicite.

– Oh.

– Elle étudie l'Anglais à Cambridge. Je suppose que tu la trouverais idéologiquement suspecte. C'est ce que pense ma mère en tout cas.

– Ta mère est socialiste ?

– Elle essaye, mais elle a du mal. Je crois qu'elle est plutôt libertaire. Elle lit le *Guardian*, va à des réunions et des manifs, mais c'est très victorien dans l'esprit.

– Qu'est-ce que tu veux dire ?

– Eh bien, elle fait sa part de boulot, mais c'est surtout pour elle-même, si tu vois ce que je veux dire.

Roly se remit à rire.

– Je suis si drôle que ça ?

– Pas vraiment mais on s'en contentera. Oh, la barbe !

Il dut encore s'arrêter ; un troupeau de moutons traversait la route.

– On dirait que l'ensemble de la population animale s'est donné le mot, ce matin. Tu ne vas pas être en retard ?

– Non. En temps normal, je serais encore à la maison.

Le conducteur du bus coupa ses moteurs et se pencha par la vitre pour discuter avec la bergère en jeans au visage rose.

– Tu n'étais pas trop seul quand tu étais petit ?

– Pas du tout, dit Roly, je me suffisais amplement à moi-même. C'est un mensonge de faire croire qu'il n'y a que les enfants qui se sentent seuls. Comme je n'avais aucun copain, ça ne me manquait pas. J'en ai eu plus tard, à l'école. On m'a envoyé à Fettes, qui était un peu sinistre, mais au moins j'avais des compagnons d'infortune. Je m'arrangeais pour voir Nanny en inventant des rendez-vous chez le dentiste.

– Tu la vois toujours ?

– Elle est morte en janvier. Son cœur. Elle est restée avec moi jusqu'au bout. J'ai obligé le conseil d'administration à lui donner de quoi vivre, comme il le faisait pour moi. Quand je ramenais des amis des beaux-arts, tout le monde appréciait sa compagnie. Je suis sûr que certains me trouvaient un peu bizarre, pourtant ça n'avait rien de plus anormal que de vivre avec un parent âgé. C'était ma grand-mère de remplacement.

– Ma grand-mère est folle.

– Est-ce qu'il y a quelqu'un de normal dans ta famille ?

– Venetia et mon père, quoi que, depuis qu'il a ses migraines, il fait peur aux gens. Il ne reste donc plus que ma sœur.

Seth eut soudain à l'esprit l'image de Fiordigili, dément, se balançant dans le vide, les dents plantées dans le doigt de son père.

– Bien sûr, poursuivit-il, ça t'a permis d'éviter le traumatisme parental.

– Jaloux ?

– Touché.

– Je suppose que tu t'imaginais qu'un jour tes vrais parents allaient venir te reprendre à la famille où ils t'avaient placé pour t'apprendre l'humilité ?

Seth acquiesça de façon coupable.

– Tu es vraiment un cliché.

– Désolé.

– Le come-out est un truc qui ne m'a jamais inquiété.

– Pourquoi ?

– Il met trop l'accent sur ce que tu fais et pas sur qui tu es réellement. Du coup – je le rabâche à qui veut l'entendre –, quand quelqu'un suppose avec arrogance que je suis comme lui, la vengeance est jouissive au moment où il découvre qu'il s'est planté.

La fille avait fini de rassembler les derniers moutons près de la haie et envoya un signe de remerciement à Roly quand il remit le moteur en marche.

– Quand as-tu fini les beaux-arts ?

– Je n'ai pas terminé. J'ai laissé tomber. Quand Nanny est morte, j'ai eu comme une révélation, je me suis rendu compte que je perdais mon temps. Je savais déjà ce que je voulais faire et, comme des gens ont commencé à s'intéresser à mon travail, j'ai séché les deux derniers trimestres et vendu la maison.

– Comment a réagi le conseil d'administration ?

– Il était impuissant. J'ai vingt-et-un ans depuis l'année dernière. L'été n'est pas le meilleur moment pour partir en quête d'un studio – la lumière est trop bonne. Pour l'instant, je reste là, je chercherai quelque chose à Londres en septembre.

– On pourrait t'héberger pendant que tu cherches, proposa aussitôt Seth. Tu veux t'installer dans quel coin ?

– Pas à Hampstead.

– J'aurais deviné. Plutôt vers Portobello Road ?

– C'est plus animé.

Roly eut un bref sourire. Ils roulèrent en silence, détendus. Le vent marin soufflait doucement. Ils aperçurent bientôt le clocher de l'église de Trenellion, qui se détachait du ciel maussade.

– Il n'y a pas quelqu'un de célèbre qui a comparé ce clocher à un lapin en train de regarder le maïs ? demanda Roly.

– Ronald Barclay.

– Le poète des bénitiers. Ils ont lu un de ses textes dans l'émission *Today*, ce matin. Tu as entendu pour l'empoisonneur ?

– Non ?

– Tu as déjeuné en vitesse ?

– Oui.

– Eh bien, ils ont arrêté un homme – le fonctionnaire modèle. Il avait un boulot tristounet, à la Commission des Eaux ; enfin, la branche de l'administration qui s'occupe de l'eau. Et il semble qu'on l'ait attrapé alors qu'il essayait de mettre du cyanure dans l'ensemble des conduits d'eau de Londres.

– Mon Dieu ! Mais pourquoi ?

– Fanatisme religieux. Il était persuadé être l'instrument du Seigneur, une sorte de Tamerlan des temps modernes.

– Une sorte de quoi ?

– Rien. Un tyran du Moyen-Orient.

– Comment ils l'ont attrapé ?

– Un coup de chance. Un type de la sécurité s'est aperçu qu'il manquait un uniforme, alors que celui à qui il appartenait était censé être malade. Une fois ses soupçons confirmés, il a vite découvert la Main Vengeresse du Seigneur en train de bricoler le réservoir. En fouillant son appartement, ils ont découvert des bouteilles de poison ainsi que des plans et des schémas. Il avait toutes les informations nécessaires. Il savait parfaitement ce qu'il faisait.

– Mais c'est ignoble !

Seth frémit en repensant à la lettre de Jodie.

– J'ai toujours eu la trouille des fous. Les vampires et les loups-garous sont trop invraisemblables, tandis que les tueurs à la hache et les empoisonneurs existent vraiment.

Roly ralentit et se tourna vers Seth, une expression malsaine sur le visage.

– Le moment est donc venu de te dire la vérité… psalmodia-t-il.

– Oh, arrête ! (Seth rigola). Je me demande comment quelqu'un peut trouver le temps nécessaire pour faire un truc pareil.

– Personne ne s'intéresse à ce genre de petit fonctionnaire. La bureaucratie a rendu l'information si mince, qu'à moins de s'associer, ils ne risquent pas de découvrir quoi que ce soit qui puisse mettre l'État en danger.

– Non, juste la population de Londres. Sa famille aurait dû se rendre compte que quelque chose n'allait pas.

– Tout le monde n'a pas de famille.

– Non, c'est vrai. Oh, désolé.

– Tu comptes en former une – ta propre famille ?

– Avant, je me disais que oui, plus maintenant.

– A cause de matinées comme aujourd'hui ?

– En partie.

– Méfie-toi. Tu pourrais finir tout seul, sans personne pour s'occuper de toi.

– Il suffit que je trouve un mec gentil et honnête qui s'occupera de moi. Pas la peine d'être hétéro pour fonder un foyer.

– Je vous imagine tout à fait, toi et M. Gentil, installés à Primrose Hill, avec un danois, un chat tigré et des canaris dans la serre.

– Qui sait. Peut-être aussi que nous adopterons un petit réfugié.

– Ta façon de dire le mot « petit » parle d'elle-même. Il ne s'agit manifestement pas d'une question de taille. Je parie que ta mère dit les « petites gens » pour éviter le snobisme flagrant de « commerçants ».

– Désolé. Nous allons essayer de nous améliorer, c'est promis.

– Reste tel que tu es, dit Roly en se garant à côté de l'église. Je retourne au phare finir mon petit déjeuner.

Seth aperçut Jemima qui souriait d'un air distrait dans l'allée.

– On se voit à l'heure du déjeuner ?

Roly regarda ailleurs sans rien dire pendant quelques instants. Seth regretta d'avoir posé sa question.

– OK.

Roly releva les yeux et s'éloigna. Seth aurait bien été prendre un second petit déjeuner avec lui. Il se tourna vers Jemima.

– Salut, beau mâle, lui dit-elle avant de s'esclaffer.

Le docteur Fielding était un homme costaud qui n'avait rien d'un intellectuel et qui jouait au rugby. Evelyn lui faisait confiance. Tout en se mouchant, il l'observa en train de tripoter les franges d'un des coussins du sofa. Il rangea son mouchoir.

– Alors ? demanda-t-elle.

– Evelyn, Neesh n'est pas malade. De plus, elle ne va pas avoir de bébé. Elle n'a pas trop mangé et je ne vois pas l'intérêt de lui prescrire quoi que ce soit.

– Comment pouvez-vous affirmer qu'elle n'est pas enceinte ? Vous n'avez pas eu le temps de lui faire le test.

– Ce n'est pas la peine.

– Pas la peine ? La pauvre petite est en train de gonfler comme un des moutons de Hardy.

– S'il vous plaît, laissez…

– Vous n'avez pas besoin de me ménager. Je suis l'archétype de la mère moderne.

– C'est peut-être là qu'est le problème.

– Pardon ?

– Le côté mère moderne. A votre connaissance, combien Netia a-t-elle eu de petits amis ?

– Elle n'aime pas trop en parler, mais je dirais au moins cinq dans les quatre dernières années.

– Cinq ? Vous êtes sûre ?

– Cinq, six, quarante ! Je me fiche de ses petits amis, c'est pour elle que je m'inquiète. Qu'est-ce qui…

Evelyn se reprit et poursuivit plus bas.

– Qu'est-ce qui cloche chez elle si elle n'est pas enceinte ?

– Médicalement parlant, Venetia est toujours vierge. Mais elle présente un cas rare d'hystérie où la névrose due au refoulement de sa sexualité se manifeste par l'ensemble des symptômes d'une grossesse classique. La pauvre fille va même jusqu'à provoquer elle-même les nausées matinales.

Evelyn se retrouva sans voix. Fielding poursuivit :

– Je ne suis pas psy, mais, apparemment, le problème vient du fait qu'elle a l'impression que le monde entier – ou tout au moins, sa mère – attend d'elle qu'elle se comporte en adulte, avec une vie sexuelle bien plus épanouie que la sienne ne l'est. C'est pour se défendre de ses oppresseurs que son esprit a créé cette grossesse galopante.

– Qu'est ce que je peux faire ?

– Donnez-lui beaucoup de ce bon vieil amour maternel et ne parlez de tout ça que si elle le veut bien. Peut-être n'est-elle pas encore prête pour avoir des relations sexuelles. Peut-être qu'un peu de tendresse et d'affection à l'ancienne pourra l'aider. Rappelez-lui ce que c'est que d'être une petite fille. Elle ne veut pas vous embêter ; bizarrement, le fait de refuser de grandir est une marque d'affection sincère. Ça lui fera probablement un choc de découvrir qu'elle n'a rien de la petite vamp qu'elle prétend être, mais, pour le moment, vous ne devez pas lui montrer que vous êtes au courant. Elle m'a fait promettre de ne rien vous dire – elle a marmonné quelque chose à propos du fait « d'offenser votre Modernité Chrétienne ».

– Je comprends, Robbie – je vais lui emboîter le pas. Mais dites-moi franchement combien de temps vous pensez que ça va durer, parce que je… ?

Evelyn avait de la peine à respirer. Fielding lui prit la main. De façon très professionnelle.

– Du calme Evelyn.

– Désolée. (Elle essaya de rire, et renifla.) Ce que j'essaye de vous demander, avec mes mots de pauvre profane, c'est combien de temps elle va rester dans cet état ? Est-ce qu'elle va continuer à grossir et faire semblant d'accoucher ou un truc affreux dans ce genre, ou alors est-ce qu'elle va s'arrêter là ?

– Je ne suis pas un spécialiste, mais je suis sûr qu'un accouchement est hors de question. Avec beaucoup de calme et de tranquillité, le gonflement devrait diminuer de lui-même en quelques jours, voire même quelques heures. N'oubliez pas qu'il s'agit d'une hystérie physique. Son corps est dans le même état que le serait sa raison après avoir subi un choc effroyable. Je vais lui prescrire des calmants, mais je sais combien vous...

– Non merci. Pas de calmants.

Evelyn secouait la tête en parlant. Elle se leva.

– C'est vraiment gentil à vous d'être passé en vitesse avant le début de vos consultations. Je peux vous offrir un café ou autre chose ? Du thé ?

Fielding alla jusqu'à la porte.

– Non merci. Il faut que j'y aille. N'hésitez pas à m'appeler si quoi que ce soit vous inquiète.

Elle lui ouvrit la porte.

– Il fait très lourd, le prévint-elle.

– En effet. Vous feriez mieux de rentrer et de mettre des chaussures.

Elle baissa les yeux et se rendit compte avec gêne qu'elle était en collants. Elle rit avant de refermer la porte. Mme Machin-chose était en train de passer l'aspirateur dans la salle de bain. Evelyn se dépêcha de grimper au premier. Elle dut hausser la voix pour se faire entendre.

– Euh ?...

La grosse femme se retourna et coupa l'aspirateur.

– Bonjour, ma chérie. Le docteur est parti ?

– Oui. Tout va rentrer dans l'ordre maintenant, Dieu merci. Apparemment, il s'agit simplement d'une forme d'hystérie. Évidemment les gens ne comprendraient pas. Le pauvre agneau va devoir rester ici quelques jours. Je peux vous faire confiance pour... euh... ?

– Enfin. Mme Peake, vous me connaissez.

Mme Pym paraissait blessée mais fidèle.

– Vous êtes formidable. Bon, je dois y aller.

Le visage brûlant, Evelyn sortit et alla jusqu'à la porte de Venetia, devant laquelle elle s'arrêta quelques instants avant de l'entrebâiller.

– Chérie ?

– Maman. Entre.

Elle était assise sur son lit, les *Sermons* de Donne et un dossier rempli de notes devant elle. Ses lunettes en écaille de tortue bien perchées sur le bout du nez. Pour gagner du temps, Evelyn s'avança jusqu'à la fenêtre afin d'ouvrir un peu plus les rideaux. Netia replongea dans son livre, ou, en tout cas, ses yeux étaient baissés. Elle semblait incroyablement en bonne santé pour quelqu'un qui prenait si peu l'air. Florissante même.

– Le docteur Fielding est parti, chérie. Il m'a dit que tout allait rentrer dans l'ordre.

– Bien, dit Venetia joyeusement. Je t'ai affreusement mise en retard pour ta répétition. Il faut que tu files. Écoute, Maman, pas la peine de t'inquiéter, d'accord ? Je peux prendre soin de moi-même. Il y a tout ce qu'il faut à manger en bas et Mme Je-sais-plus-quoi pourra m'aider s'il me faut autre chose.

Evelyn embrassa sa fille.

– Je reviens vite, murmura-t-elle avant de partir.

Venetia sourit en sortant le paquet de noix de cajou de sous le dossier, en pensant à la ferveur inhabituelle avec laquelle sa mère l'avait embrassée. Elle entendit la porte d'entrée se refermer. Mme Pym passa la tête dans la chambre, souriant jusqu'aux oreilles.

– Tout va bien, ma chérie ?

Venetia sourit avec sincérité.

– Parfait.

Evelyn arrêta la Volvo à un carrefour pour courir à la cabine téléphonique. Elle composa le numéro de Keats Lane, et raccrocha le combiné lorsqu'elle entendit le répondeur. De retour dans sa voiture, tout en roulant à vive allure, elle atténua sa confusion en pensant à la frustration de Huw causée par les inévitables délais d'attente de l'aéroport. Ça lui ressemblait si peu de partir sans raison. Mais il ne fallait pas oublier qu'il n'était plus lui même depuis quelques temps. Ces épouvantables migraines à la De Quincey empiraient et se faisaient plus fréquentes. Et il passait de plus en plus de temps dans son bureau. Il la rejoignait rarement au lit, préférant dormir dans ce même bureau. Et il parlait moins. Il avait aussi quasiment cessé de les taquiner. Les enfants n'étant pas là pour confirmer ses craintes, elle en avait touché un mot à Jodie.

Mon Dieu, quelle bêtise ! Jodie avait l'habitude de toujours tout dramatiser. Evelyn espérait pouvoir lui faire confiance pour qu'elle ne dise rien.

La radio lui annonça que, dans l'émission *Le Compositeur de la Semaine* du lendemain, elle pourrait entendre les premières incursions de Sweelinck dans le domaine du motet. Il était dix heures. Elle espéra que Seth n'avait pas fait de bêtises. Un tracteur apparut en face, à cinquante mètres. Elle poussa un juron et ralentit.

« Et maintenant, un récital d'orgue du King's College, à Cambridge. »

Elle regarda le labrador assis dans la cabine à côté du conducteur et se posa des questions à propos de la conversation qu'ils avaient eue sur la névrose de Venetia. Elle éviterait d'être indiscrète. Tous les bouquins qu'elle avait lus sur le sujet disaient bien que, la plupart du temps, les troubles étaient causés par la présence même de la mère. Les mères en souffraient. Tout comme elles souffraient aussi à cause de leurs fils. C'était d'ailleurs bizarre que Seth ne corresponde pas au schéma. Ce cher Seth, si peu ordinaire. Le labrador aboya après une mouette en train de piquer sur le champ voisin. Une toccata de Bach. Qu'est-ce qui avait pu la pousser à penser que sa fille était libérée ; pas vraiment une débauchée mais en tout cas autre chose que la Vierge Marie ? D'un pur point de vue médical, elle avait elle-même cessé d'être vierge bien avant son mariage, mais c'était à cause de l'équitation et du vélo, à l'école. Netia ayant été élevée à Londres, l'équitation était hors de question – bien trop chère. Faire du vélo à Hampstead n'était pas très pratique. Le clocher apparut au dessus des champs.

Surplombant le maïs, le Clocher de Trénellion, avec ses cornes en oreilles de lapin,
Hume avec inquiétude l'écume qui gagne du terrain.
Quel bonheur de faire ses dévotions dans son terrier !

Son esprit se nourrit au téton blanc de l'immaculée conception et en trouva le goût exquis, bien qu'un peu fort.

Lundi Deux

Mo se tenait debout au milieu d'une pièce élégante et observait l'expert s'activer autour du bureau, à la recherche d'empreintes, de sang, de peau morte, de n'importe quoi qui puisse les aider. La méthode du cambrioleur était aussi précise qu'une horloge. L'appartement était celui d'une chiromancienne – qui faisait aussi les tarots – dont la presse avait récemment beaucoup parlé. Un affreux portrait d'elle trônait bien en évidence dans l'entrée. La victime était revenue d'une soirée et avait découvert que quelqu'un était entré chez elle par effraction en passant par la lucarne. Jusqu'à ce qu'elle sente la fumée et ouvre la porte de la cuisine, elle avait pensé qu'il s'était contenté de briser sa boule de cristal. Ses travaux les plus récents brûlaient dans l'évier. Apparemment, c'est en essayant d'éteindre les flammes elle-même qu'elle avait mis le feu à sa robe. Elle s'était traînée jusqu'à la salle de bains, dans un effort désespéré pour se sauver. En tentant de faire couler la douche, elle avait mis le feu au rideau et s'était effondrée sous le morceau de plastique en train de frire. Un voisin avait été alerté par l'odeur qui avait lentement filtré dans le hall luxueux. Suspectant un feu de cuisine, il avait appelé la police. Les prédictions se trouvaient toujours dans l'évier de la cuisine, réduites en une bouillie pâteuse.

La mort était accidentelle bien sûr. Même une idiote comme McEnery pouvait déduire des précédentes apparitions de leur homme que celui-ci était méticuleux. S'il avait voulu tuer, il aurait fait moins de pagaille et il aurait certainement empêché une victime en flammes de courir de façon si dangereuse dans l'appartement. Il restait malgré tout à l'inspecteur deux points à éclaircir : la réaction, manifestement affective, d'avoir brisé la boule de cristal et l'absence toujours aussi flagrante d'un mobile rationnel. Mo avait déjà vu des cambriolages bizarres. Les vandales foutaient le bordel et pissaient, voire pire, sur les vêtements et la literie de leurs victimes. Comme des chats laissant leur marque. Mais ici, c'était différent. Ses actes n'étaient pas agressifs, loin de là, et n'avaient pas la marque d'un fou religieux comme ceux de ce Gutteridge qu'ils avaient pincé au centre d'épuration de l'eau. Dans le cas présent, chaque vol avait été minutieux et propre, sauf ceux où on l'avait dérangé.

Mo sortit sur le palier et s'appuya contre le mur. Elle laissa son regard errer sur les traces de brûlure qui allaient de la cuisine à la douche. Un autre homme, en manteau blanc, était en train de travailler en haut du petit escalier amovible en pin qui conduisait à la lucarne et, de là, sur le toit. Elle observa ses chaussettes aux motifs voyants et se mit à réfléchir.

La lucarne était coulissante et l'intrus l'avait laissée ouverte. Peut-être parce qu'il était parti en catastrophe après avoir entendu quelqu'un entrer. Ou alors il avait eu peur d'attirer du monde à cause du bruit quand il avait brisé la boule de cristal. L'escalier, ainsi que le bout de moquette en-dessous, avaient été retrouvés légèrement humide. De toute la semaine, il n'y avait eu qu'une seule grosse averse, très courte, samedi vers vingt-deux heures. Il avait dû venir ici avant de se rendre chez cette tapette de O'Leary. Selon la gravité de sa blessure, il était possible qu'il se cache.

Son esprit se remit à chercher le mobile. Elle avait discuté avec Jack qui lui avait rappelé l'histoire de cette jolie petite Française des années cinquante qui était devenue folle à cause d'une prédiction de plus en plus fréquente disant qu'elle allait mourir jeune. Un soir, prise d'un accès de folie furieuse, elle était entrée par effraction dans les maisons voisines afin de fracasser toutes leurs horloges et leurs montres. Un comportement apparemment dément et extrême, en fait particulièrement logique pour quelqu'un qui voulait arrêter le temps. Son cambrioleur aussi avait un problème avec le futur, mais sa vendetta n'était pas personnelle ; il semblait plutôt être en train d'essayer d'imposer une sorte de silence astrologique. Il ne voulait pas que les gens soient au courant. Mais au courant de quoi ? La petite Française, elle, avait fait une overdose avant qu'on ne l'attrape, confirmant ainsi la prédiction.

Mo devait trouver une piste, vite, si elle voulait sauver la face par rapport à Timson et ses lèche-bottes. Mais, plus elle songeait aux éléments à sa disposition, plus son métier lui semblait être devenu futile.

Elle retourna dans la cuisine. C'était une de ces cuisines modernes pleine de gadgets et de surfaces brillantes. Elle observa son reflet dans la porte d'un placard, d'un œil torve, avant de laisser errer son regard dans la pièce. Un des placards avait une porte en plexiglas. Il contenait des verres de toutes les formes et toutes les tailles, des petits bols à céréales, une grande cruche en cristal et, sur l'étagère du haut, une flasque en métal qui faisait un peu déplacée.

Elle jeta un regard par dessus son épaule. Personne sur le palier. Elle sortit un mouchoir de sa manche et, s'en servant comme d'un gant improvisé, ouvrit le placard et mit la flasque dans la poche profonde de sa veste. Elle était lourde, certainement en argent. Elle ferma prestement la porte du placard et remit le mouchoir dans sa manche. Elle s'arrêta quelques secondes sur le palier, regardant les deux hommes travailler.

– OK, les gars, je retourne au poste si vous avez besoin de moi.

– Ciao, Chef.

Elle sortit. La subversion était bien plus facile qu'elle ne l'aurait pensé.

Lundi Trois

L'orchestre était en train de répéter le *Saint Nicholas* de Britten. Evelyn reconnut le son de la voix d'un ténor célèbre. Il s'agissait de Gregory Truscott, une des étoiles montantes de l'opéra, qui avait réussi à se dégager pour leur rendre une dernière visite. En poussant la porte en chêne, elle aperçut ce sculpteur prétentieux en plein travail dans l'aile sud. Il déposait une couche de vernis sur un des anges. Il releva les yeux quand elle s'arrêta près d'une colonne pour sortir son violoncelle. Il lui sourit et elle répondit par un bonjour muet. Arrivée à sa place, elle lança un regard d'excuses à Peter et un coup d'œil à Seth. Son fils était trop absorbé pour lui répondre. Elle se retrouva vite, elle aussi, plongée dans la musique. Celle-ci ne posait pas de problèmes majeurs et, jusqu'à l'heure du déjeuner, elle s'abandonna volontiers à ces icônes sonores évoquant le doute. Elle se souvint de Venetia interprétant le rôle d'un garçon ivre à un spectacle de son école, et de Seth en train de jouer un solo d'introduction poignant. Assise dans cette belle église, le soleil émergeant enfin des nuages, entourée de gens qu'elle admirait, les oreilles baignant dans la musique qu'elle aimait, alors même que ses pensées s'égaraient en songeant à sa fille miraculeuse, Evelyn se rendit compte qu'elle était bien plus heureuse qu'elle ne l'avait été depuis des mois.

– Parfait. On va juste refaire la troisième et ensuite vous pourrez tous aller prendre un déjeuner bien mérité.

Peter avait l'air en forme. Jemima siffla Evelyn.

– Tu es au courant pour le bébé ?

– Quel bébé ? demanda Evelyn sèchement.

– Celui de Peter, enfin, celui de Helga et Peter. Ils vont en acheter un.

– C'est marrant, répondit-elle bêtement, soulagée.

– Gregory, si tu veux bien, la troisième, une dernière fois ?

Peter appelait le corpulent ténor, qui était parti discuter avec le sculpteur dans l'aile sud.

« Mes parents sont morts, » chanta Gregory.
« J'ai dû quitter trop tôt la quiétude de leur foyer
Afin de découvrir le vaste monde de l'homme.

Le pauvre ! Abandonné à sa solitude, tourmenté
Par le doute ; né, élevé, condamné à mourir
Dans la peur éternelle de la mort éternelle... »

Seth jeta un œil à sa droite et découvrit que Roly était sorti, imperméable à la beauté qui se dégageait du chant de Gregory, en se curant un ongle. Ils furent libérés pour le déjeuner et enjoints à être revenus à l'heure afin de donner l'exemple au chœur, qui devait – Dieu les aide ! – répéter avec eux cet après-midi. Ce soir, ils étaient priés de rester tranquilles et d'étudier les partitions de la *Cantata* de Roger, en vue des travaux préliminaires du lendemain.

Evelyn posa délicatement son violoncelle à côté de sa chaise.

– Ça a été avec le docteur ? demanda Seth. C'était Robbie Fielding ?

– Oui.

– Comment va-t-il ?

– Très bien. Il a dit que Neesh avait juste un petit problème d'estomac et qu'elle devrait rester au lit pendant quelques jours – c'est tout.

– Elle a sûrement mangé une mauvaise noix de cajou. Elle en engloutit des quantités depuis peu. Pas la peine de t'inquiéter.

Elle lui rendit son sourire en remerciant en silence les lacunes de l'éducation privée.

– Allons déjeuner.

– Ouais, répondit-il, la suivant tout en fouillant discrètement l'endroit du regard.

Sur le porche, elle tomba sur Roly.

– Oh, Mme Peake ?

– Oui ?

– En fait, j'ai demandé à Seth s'il pouvait m'aider à porter quelque chose dehors.

Seth vit qu'elle était prise de court.

– Allez-y, répondit-elle, je vous le prête. Mais ramenez-le moi en un seul morceau.

Ils retournèrent dans l'église.

– Bien joué.

Seth sourit.

– Non. J'ai vraiment besoin d'un coup de main. Tu veux m'aider à sortir cette vieille peau dehors ?

Se sentant humilié, Seth prit la tête d'un ange qui attendait encore d'être verni, laissant les pieds à Roly. Ils portèrent la statue qui s'effritait dans le cimetière.

– C'est vrai ce qu'ils racontaient hier, dit Seth.

– Qui ?

– Oh. Les musiciens, juste avant la première répétition. Ils disaient combien les cheveux des anges ressemblaient aux tiens. C'est vrai.

Roly rit sèchement et ils déposèrent la sculpture sur une bâche.

– Non, dit-il.

Puis, relevant les yeux il rencontra le regard de Seth et répéta, d'un ton sérieux :

– Non, Seth.

– Quoi ?

– Tu es trop jeune. OK ?

Seth n'eut pas le temps de répondre, sa mère les ayant suivis dehors.

– C'est donc là que vous travaillez ?

– Coucou, dit Roly comme un gamin de six ans à une réunion d'informations avec les parents d'élèves.

– Je vous jure de taire le secret, sinon vous allez vous retrouver encerclé de femmes vous demandant de faire le buste de leurs enfants.

Ils gloussèrent tous les deux obséquieusement.

– En fait, je suis venue vous parler boulot, mais je vous promets de ne pas vous demander un buste de Venetia. Ni de lui à vrai dire.

En disant cela, elle plaça les mains sur les épaules de Seth qui eut l'impression d'avoir à nouveau douze ans et de se retrouver en culottes courtes. Pris au piège, il fit semblant de s'intéresser à la mer pendant qu'Evelyn parlait de commandes. Grâce à un immense effort de volonté, il réussit à ne pas regarder MacGuire une seule fois pendant le reste de l'entretien. Evelyn eut vite terminé.

– Parfait, si vous quittez Édimbourg pour Londres, vous n'en serez que plus accessible. Viens, chéri, il faut que nous allions chercher quelque chose à manger.

Elle relâcha Seth qui rejoignit la fraîcheur de la nef.

Evelyn se retourna un moment sur le seuil de l'église et aperçut Roland MacGuire qui la fixait, elle ou Seth. Elle courut en vitesse derrière son fils. Ils traversèrent l'église en silence et se dirigèrent vers le second bâtiment où on servait le repas sur des tables à tréteaux et où le chœur et l'orchestre pouvaient discuter, en mangeant, du travail de la matinée. Ils rejoignirent la queue. Evelyn avait l'impression que Seth boudait pour une raison mystérieuse. Il devait être jaloux de Venetia. Elle allait essayer de le dérider.

– Seth ?

– Mmm ?

– Ce Roland MacGuire est quelqu'un d'horriblement triste, ou c'est moi qui suis trop romantique ?

– C'est toi. C'est juste quelqu'un de tranquille et d'un peu arrogant. Il a du talent et il le sait. Je crois qu'il fait partie de ces gens qui, durant toute leur vie, n'ont besoin de personne.

– Eh bien.

Seth aurait voulu pleurer. Mais il réussit à changer de sujet, pour dire combien le Bleu avait l'air bon. Il suivit la foule dans le verger. Bronwen le rejoignit, son assiette pleine de nourriture.

– La bouffe est excellente, déclara-t-elle. Pour l'instant, c'est bien la seule chose de valable dans ce festival. Ah ! Tu m'as l'air bien sinistre. Tu veux en parler ?

Seth ouvrit la bouche pour parler mais ne réussit qu'à sourire tristement, faisant des gestes avec son morceau de pain.

– Écoute, poursuivit-elle, j'ai le programme pour demain après-midi, et il ne leur faut que la moitié du chœur et des premiers violons pour jouer la monstruosité de Roger Whoodlum ; ce qui veut dire ni toi ni moi. Je vais aller me balader le long de la côte jusqu'au Château de Pendarth où je mangerai un paquet de galettes accompagné d'une bouteille de cidre, et tu vas venir avec moi.

– Oh merci, Bronwen.

La folle de Saint Jacobs fit claquer sa langue et se mit à parler de la vie sexuelle de Liszt avec Grigor. Elle possédait la charité joviale d'une matrone. Seth se força à avaler un morceau de Bleu et découvrit que celui-ci était réellement très bon, puis il rejoignit sa mère qui prenait l'ombre sous un poirier.

Mardi Un

La matinée s'annonçait très mal. Un journaliste du *Standard* leur avait rendu visite pour obtenir des informations sur le « Cambrioleur-Astro » et savoir pourquoi ils avaient caché le fait qu'il y avait eu une mort. L'enquête était devenue le point sensible de Mo, et la présence de ce connard qui en faisait des jeux de mots publics ne faisait rien pour améliorer son humeur. La journée avait très mal démarré : en se levant, elle avait découvert qu'Andy avait vomi ses harengs sur le tapis de la salle de bain ; puis elle s'était aperçue que l'ordinateur de la banque avait fait une erreur sur son relevé de compte – dans le mauvais sens évidemment ; en arrivant au boulot, elle avait dû faire face aux sarcasmes de Timson dans un premier temps, puis à ceux de cet écrivaillon suffisant. Non content d'insinuer qu'elle n'attraperait jamais Loobie Lou en plein jour, il continuait à lui demander pourquoi une femme policier de son rang faisait toujours des patrouilles et à lui rappeler ses bagarres continuelles avec Timson. Elle se réjouit sincèrement quand McEnery frappa à la porte en verre.

– Chef, je peux vous interrompre une seconde ?

– Fais comme chez toi.

– Y aurait-il de l'action dans l'air ? demanda le reporter en se levant pour la Relève.

– Il y a eu un autre appel concernant des intrus. Hampstead nous le refile parce qu'il semblerait qu'il s'agisse de notre homme.

– Où ?

– Une des avenues derrière la gare.

– Allons-y. (Mo se leva.) Ils y sont déjà ?

– Ouais.

– Aucune chance que je puisse vous accompagner ? demanda le reporter.

Mo fronça les sourcils.

– Si. J'espère que ça vous empêchera d'amener tous vos collègues ici. Pas de coup de téléphone, compris ?

– Merci.

Il rit et fit un clin d'œil à McEnery qui lui lança un regard mauvais.

– Salut Gerry, tout va bien ?

Ils se retrouvèrent dans l'allée. L'endroit était grand. Gerry et elle s'était connus à l'école de police.

– Salut Mo. Pasteur, je vous présente l'Inspecteur Faithe.

– Enchanté.

– Bonjour. Vous êtes le voisin qui avez appelé ?

Ils se dirigèrent vers les marches de la maison.

– Oui, tout à fait. C'est la première fois que j'ai à faire à une femme inspecteur. Ça va faire plaisir à mon épouse – elle est très sensible à ce genre de changement, voyez-vous.

Le pasteur Jukes lui raconta son histoire de façon décousue. Leurs voisins étaient partis en vacances et leur avaient demandé de surveiller la maison et de nourrir les chats pendant leur absence. C'étaient des gens charmants – vraiment doués. Tout avait été pour le mieux jusqu'aux deux dernières nuits. La femme du pasteur l'avait réveillé plusieurs fois en affirmant qu'elle avait entendu une voiture entrer dans le garage et vu des lumières. La nuit dernière, lui aussi avait vu et entendu des choses. Ses soupçons confirmés, il était descendu dans le jardin pour jeter un coup d'œil. Il y avait bien quelqu'un qui se promenait au premier. En se rapprochant, il lui avait semblé que c'était le maître de maison ; en tout cas ça lui ressemblait beaucoup – mais à une telle distance, c'était difficile à dire. Il avait rejoint sa femme et tenté de la rassurer en lui expliquant que leur voisin avait dû rentrer plus tôt afin de se remettre au travail. Mais ce matin, en se rendant chez eux pour leur dire bonjour, elle était tombée sur le sang et la pagaille qui régnait dans la maison, et la pauvre avait eu une peur bleue. Ils avaient téléphoné au bureau du voisin mais une secrétaire leur avait dit qu'il était toujours en vacances. Ils avaient ensuite essayé le numéro de la maison mais cette fois c'est un répondeur qui leur avait donné la même réponse. Il était désolé de ne pas les avoir appelés avant, mais vous savez comment c'est. Mo savait en effet comment ça se passait toujours.

En tout cas ils gagnaient bien leur vie, Mo s'en rendit compte dès qu'elle eut passé la porte. Trop grand pour être confortable.

– Le sang se trouve dans la cuisine, par ici, dit Gerry en ouvrant le chemin. Bill a déjà relevé un échantillon pour l'analyser.

Les portes-fenêtres donnaient sur le jardin. Les traces de sang conduisaient à la table de la cuisine. Là se trouvait une trousse de secours au contenu éparpillé un peu partout. La blessure devait être mauvaise et la victime plutôt pressée.

– Ça mène direct au garage. Apparemment, il est retourné à la voiture avant de partir par là.

– Bien, dit Mo, qu'est-ce qu'il a piqué cette fois ?

– Rien a priori, mais – et je ne pouvais pas te le dire devant le pasteur – il semble que ce soit sa maison.

– Non ! s'exclama-t-elle. Quoi d'autre ?

– Viens voir le bureau.

Gerry la guida à nouveau dans l'entrée. Il n'y avait pas grand chose à voir dans la pièce tant que l'on ne jetait pas un œil sur le bureau lui-même. Dessus, sous une demie bouteille de Scotch, se trouvaient tous les dossiers et les cartes volés ces derniers jours. Un agenda, du type semainier, était ouvert, un rond rouge entourant le vendredi. En le feuilletant Mo poussa un sifflement.

– Bill a relevé les empreintes ? demanda-t-elle.

– Oui.

– Gerry, tu es un putain de génie. Merci. Je vais rester et regarder tout ça – peut-être que je pourrais deviner où il est parti aujourd'hui. McEnery, tu retournes au poste et tu en profites pour demander qu'on surveille la maison. Je doute que notre bonhomme revienne ici – pas si, comme je le pense, il a encore beaucoup à faire d'ici vendredi, mais il vaut mieux surveiller l'endroit au cas où. En civil, évidemment.

– Compris, Chef.

– Oh, et demande à Notre Père le genre de voiture qu'il pense avoir vue et lance une recherche. N'éveille pas ses soupçons si possible.

– Oui, Chef.

– Je demanderai à une des filles de Gerry de me ramener.

Ils la laissèrent seule dans le bureau.

– C'est un vrai tyran, non ? demanda Gerry dans la voiture.

– Pire que ça ! répondit McEnery d'un ton brusque, C'est Scarface !

Au milieu du bureau était posé un livre ouvert. A l'aide d'un mouchoir Mo regarda la couverture. *Les Principes de l'Hystérie* par Leon Berkowski. Elle fronça les sourcils. Plusieurs pages étaient cornées et le texte avait été retouché avec un crayon rouge. Des passages étaient soulignés et il y avait des commentaires illisibles. Elle lut la page de garde.

« Dans ce livre, qui est son dernier ouvrage – et qui fera sûrement école – le Dr Berkowski, fondateur de l'Institut de Recherche Neural de Vienne, s'intéresse aux différentes causes et manifestations de l'hystérie. Son travail va des toutes premières frénésies religieuses jusqu'aux récents accès de hooliganisme et aux cultes des idoles de la pop. Il poursuit en particulier ses précédentes recherches sur les pouvoirs de l'hypnose et suggère qu'il y a création d'une hypnose de masse derrière tous les exemples prouvés de paranormal, dont les plus célèbres sont les légendaires miracles bibliques et les guérisons par la foi, toujours aussi répandues. Berkowski met en avant ses connaissances de l'histoire Juive et des médias pour formuler des conclusions saisissantes concernant le potentiel de l'esprit humain *en masse*[1] à imposer sa volonté au déroulement de l'histoire. »

Mo en avait assez lu. Tout se mettait rapidement en place. Elle examina la pile de dossiers sous la bouteille de whisky et découvrit des coupures des Pages Jaunes ainsi que des magazines spécialisés. Il avait relevé toutes les adresses et tous les numéros correspondants à Cartomancie, Magiciens et Éditions. Sur un bloc-notes, sous la rubrique Titres, était écrit « Apocalypse Psychosomatique » – trop pop ?

Le téléphone sonna et le répondeur se mit en marche. Mo souleva délicatement le récepteur et écouta.

« ...et je ne pense pas revenir avant la fin de la semaine prochaine. Ma femme et mes enfants ne seront pas là non plus. On peut les joindre au Penfasser 53642. Si vous voulez laisser un message, attendez le signal sonore, je vous contacterai dès que possible. »

Le signal retentit, il y eut un soupir et la personne qui appelait raccrocha. Un enfant éclata de rire dans un jardin voisin. Mo ouvrit le premier tiroir du bureau et regarda à l'intérieur. Rien. Des agrafes, des papiers et quelques photos. Celle de la jeune nana était chouette. Très chic. Elle sortit la photo de l'homme et la posa sur le bureau devant elle. Puis feuilleta le répertoire. Jugs. Juhoor. Juicy. Jujitsu. Jukes. Jukes, Philip, pasteur. Elle composa le numéro et attendit.

– Pasteur Jukes ? Bonjour. Inspecteur Faithe à l'appareil, oui, c'est ça. Je vous appelle pour vous demander de me décrire l'homme que vous avez vu dans la maison de votre voisin la nuit dernière... Non, la routine. Rien n'a été volé. Pouvez-vous me... ? Merci... Grand ? Ah, oui. Merci pasteur. Vous m'avez été d'une grande aide. Mes hommages à votre femme. Au revoir.

Elle reposa le récepteur et resta quelques secondes à tapoter les photos du bout des doigts. Puis elle sortit son carnet et jeta un œil sur la liste de numéros. Elle en composa un.

---

1 - En Français dans le texte. NdT.

– Bonjour. Faithe à l'appareil. Je m'occupe du cambriolage avec l'inspecteur Bingham. Oui, c'est ça. Oh, il vous a déjà prévenus. Si vous pouviez venir me chercher maintenant ce serait parfait... oui... attendez. Avant de raccrocher, je voudrais que vous vérifiiez un numéro pour moi. Oui ?... OK. C'est le Penfasser 53642. Tout à fait... juste l'adresse. Non. Je vais attendre, merci.

Mo avait coincé le récepteur sous son menton et regardait les photos. Sans les lunettes, il ressemblerait sans doute beaucoup à Papa. Un peu trop mince quand même. Elle tapota son stylo sur la bouteille, murmurant au visage impassible.

– Je t'ai eu, je t'ai eu, je t'ai eu !

Il y eut un flash.

– Je vous ai eue ! rigola le type du *Standard*. La Première Dame du Crime entre en action et un criminel mord la poussière.

– Oh merde ! J'avais oublié que je vous avais invité.

– Je sais. C'est idiot non ? Mais ce n'est pas grave. J'ai croisé votre amie, celle avec les beaux cheveux, dans l'allée et elle m'a dit que vous étiez ici.

– Écoutez. (Le ton de Mo était furieux.) Vous savez que vous ne pouvez rien publier sur cet endroit – pas même une photo – avant que nous ne soyons sûrs de quoi que ce soit ? Nous ne sommes même pas encore certains qu'il s'agisse de notre homme.

– Pas grave. Restez cool, dit-il en la lorgnant. Tout ce que je veux c'est l'exclusivité, rien d'autre. Je vais vous dire.

– Quoi ?

– Vous me tenez au courant, et je promets de ne rien dire à âme qui vive – parole de scout.

– Je ne vous veux pas constamment derrière moi comme Lassie.

– Si vous n'êtes pas d'accord, vous allez vous retrouver avec une meute entière de journalistes.

– Salopard.

– Vous ne voulez pas me raconter d'où vous vient cette énorme cicatrice, alors ?

– Oh... vous avez l'adresse ?

Elle mit la main sur le combiné et regarda son agresseur.

– Je m'occupe de vous dans une minute. Oui, j'écoute. Allez-y... La Korvy-quoi ? Comment vous écrivez ça ?... Quel nom débile pour une maison !

Mardi Deux

Au réveil, le mardi matin, le ventre de Venetia avait encore gonflé de sept centimètres. Pendant quelques minutes, elle était restée dans une hébétude engourdie, à regarder, par-delà le lin de sa taie d'oreiller, la pile de livres sur la chaise près du mur, l'esprit clair comme un ciel dégagé. Puis, à mesure que ses yeux erraient sur les titres, que ses oreilles captaient chaque son que faisaient les autres en se préparant à partir, l'évolution de son corps depuis quarante-huit heures lui revint à l'esprit et l'éveilla de manière inhumaine. Elle s'assit dans le lit, dégoûtée. Elle avait la sensation qu'un enfant avait posé son derrière nu sur ses genoux. Elle souleva sa chemise de nuit en se préparant au pire, et c'est ce qu'elle vit. Avec un brave petit soupir, elle se rallongea de manière à ce que la présence de son passager se fasse moins sentir. Dans le soleil qui pointait à travers l'ouverture des rideaux, les plans erratiques de la nuit précédente lui semblaient absurdes. Elle se demanda ce que ferait son père, dans une telle situation, et retrouva immédiatement sa détermination. S'il perdait une jambe, il s'en ferait pousser une troisième, si ses collègues avouaient qu'il était en train de perdre la tête, la seule chose qu'il n'arrêterait jamais de faire, c'est travailler.

Elle se réprimanda pour la lourdeur avec laquelle elle s'était traînée la veille. Puisque sa maladie était manifestement psychosomatique, le pire qu'elle puisse faire était de lui consacrer la moindre pensée. Résolue, Neesh se hissa hors du lit, reprit son équilibre et passa une robe de chambre pour sortir sur le palier et saluer le monde. Seth venait de disparaître par la porte d'entrée et Evelyn s'apprêtait à le rejoindre à la voiture. Elle leva la tête et sourit.

– Bonjour, chérie. J'ai essayé de ne pas te réveiller.

– Ne t'inquiète pas. Je voulais me lever. Il va bien falloir que je me mette au travail. Du courrier ?

– Non.

– Vous en avez pour combien de temps, tous les deux ?

– La journée. Du moins pour moi. Seth ne répète pas cet après-midi, mais je crois qu'il va se promener avec Bronwen.

– Je vais être tranquille.

– Oui. Profite-en bien.

Elle avait rarement vu sa mère si mielleuse, et s'amusait de voir comment ses yeux se portaient instinctivement vers l'endroit où sa fille avait eu une taille.

– Au revoir, dit-elle en fermant la porte de la salle de bains.

– Au revoir, répondit Evelyn en partant pour l'église.

Venetia refusait de laisser son corps penser qu'il se conduisait anormalement. Elle prit une douche revigorante, frottant la butte haïssable comme s'il s'agissait du plus beau don de Vénus, allant même jusqu'à le saupoudrer amoureusement de talc. Elle passa ses pieds sous le lit et pratiqua une série de redressements assis avant de descendre prendre un bon petit déjeuner. Sans prendre le temps de se féliciter pour ne pas avoir eu de nausée, elle emporta quelques livres et un dossier vers la table du jardin où elle s'installa un bureau. Elle lut et prit des notes pendant quelques heures, ne s'arrêtant que pour répondre au téléphone ou se resservir du jus d'ananas. Le soleil était éclatant, son ventre était plein et elle n'avait d'yeux que pour Donne. Elle termina les sermons et passa le reste de la matinée à étudier les sonnets religieux. Puis elle retourna dans la cuisine pour mettre Radio 1 très fort et, en balançant ses hanches encombrées comme le corps d'une adolescente nubile, elle se fit une crème à la banane dans le mixeur. Son repas de travail préféré. Elle venait de retourner dans le jardin quand le téléphone sonna de nouveau. Cette fois, c'était Papa.

– Neesh ?

– Papa ! Mon Dieu ! Où es-tu ? Ça doit te coûter des tonnes. Comment ça se passe ? Ça va ? Tu dois être très occupé.

– Eh bien… oui… Assez. Comment vas-tu ?

– Très bien. Merci pour ta carte. Je l'ai trouvée dans ma chambre. Qu'est-ce qui se passe ? Tu as une voix bizarre.

– C'est parce que je suis loin. Comment va Seth ?

– Bien.

– Et ta mère ?

– Bien. Ils vont bien, tous les deux. Je…

– Écoute, il faut que j'y aille. J'appelais juste pour dire un petit bonjour.

– Alors bonjour, dit-elle

Seulement il ne jouait pas.

– Et je vais te revoir très bientôt. Au revoir.

– Au revoir.

Un clic, et il était parti.

Venetia raccrocha le combiné et fit tourner le reste de son dessert dans son verre en le regardant fixement. Elle détestait les appels de l'étranger. Le sentiment inhérent d'être en train de dépenser trop rendait toute communication détendue impossible. Ça ne lui ressemblait pas. Peut-être que c'était le service de Leon qui payait. Peut-être que Papa avait réussi à convaincre une réceptionniste de lui donner une ligne extérieure. La communication avait été claire ; pas la moindre interférence. Elle se souvint de la tonalité, quand elle avait décroché, et se dit qu'il avait dû payer, après tout. Elle vida son verre, des petits bouts de banane se détachèrent du fond et tombèrent sur sa langue, elle en savoura le goût après la fadeur du lait. Puis elle se traîna dans la cuisine pour laver son verre et éteindre la radio. Elle entendit des pas dans l'allée. Elle regarda à travers le rideau. Harry Barnes.

Toute sa détermination s'évanouit. Elle remonta en courant dans sa chambre et ferma la porte. Elle ne voulait pas qu'il la voie dans cet état – imaginaire ou non. Même si cela le rendait séduisant, elle l'avait ressenti comme un homme un peu trop sensible. La sonnette retentit. Elle s'apprêtait à attendre, mais eut une meilleure idée. Elle se pencha vers la fenêtre ouverte et cria :

– Qui est-ce ?

L'orchestre avait consacré la matinée à se familiariser avec la nouvelle composition de Roger Bevan. *Les Saints Innocents* était une sorte d'oratorio qui combinait des passages d'Esaïe et de l'Apocalypse avec des récits de témoins oculaires d'Hiroshima. Il s'ouvrait sur une adaptation des versets de Saint Mathieu à propos du massacre des enfants de Bethléem par un soliste basse. La musique était aussi éprouvante que le texte et le fait que les partitions aient été assemblées à partir de photocopies de portées manuscrites n'arrangeait pas les choses. Les nerfs s'usaient aussi vite que le crin des archets. On avait réussi à convaincre Roger de composer les passages les plus difficiles pour un semi-chœur et des petits ensembles de premier rang, qui auraient besoin de moins de temps pour répéter, mais on en manquerait pour couvrir même les mouvements les plus « simples ».

Evelyn avait sa « tête de Berio » (un air de détermination sévère qu'elle prenait quand elle se débattait avec des compositions qui demandaient plus d'efforts à produire qu'elles n'apportaient de satisfactions). Son engouement ne dépassait pas Britten ou les premières œuvres de Tippett. Elle ne comprenait pas l'intérêt que portait Seth aux dernières années de Bartok ou à Stockhausen. Trois heures très tendues prirent fin quand Peter se retourna vers Roger pour lui demander de quelle manière exactement il voulait entendre ce passage. Il libéra les musiciens, persuadé qu'il faudrait une bonne heure pour tirer une réponse cohérente de cet homme. Seth se dirigea vers Mère, tout sourire.

– Ne fais pas la tête.

– Je te déteste, répondit-elle. J'espère que vous allez tomber d'une falaise, tous les deux.

– Jalouse ?

– Ce n'est pas le mot, non.

– Si tu veux bien ramener mon violon à la maison, je te promets de préparer le dîner avant que tu rentres.

– Entendu, mais ne le laisse pas traîner sur cette chaise. Au revoir.

– Au revoir. Ne fronce pas trop les sourcils.

Elle rit et il s'en alla.

Les ouvriers avaient fait monter un autre ange sur le chevron. Roly avait dû travailler pendant la nuit. Seth se demanda si c'était pour éviter de le voir, puis trouva cette idée ridiculement égocentrique. Il s'assit sur le muret de pierre, à l'extérieur de la classe, et attendit. Les choristes étaient encore en train de répéter. Ils semblaient moins peiner que les musiciens, mais ils avaient peut-être des passages plus faciles. Roger n'était pas revenu totalement fou de ses années dans le nord. Seth observa les autres musiciens s'éloigner, à pied ou en voiture. Après-midi libre : demi-journée d'excursions. Bientôt, il entendit des voix derrière lui et vit que le chœur aussi avait terminé. Les portes s'ouvrirent et les choristes se déversèrent sur la pelouse ; quelques-uns (le semi-chœur, sans doute) discutaient timidement des partitions qu'ils venaient de travailler et – vanité des vanités – se chantaient quelques passages pour illustrer leurs propos.

Le château de Pendarth était le nom qu'ils avaient donné à une vieille bâtisse abandonnée sur la côte, à quelques kilomètres de Trenellion. Bronwen et Seth n'avaient jamais pu déterminer si elle avait eu un rôle militaire ou si elle avait toujours servi de refuge pour les animaux pendant les nuits d'hiver. Elle ne faisait que deux mètres de haut et à peine trois mètres carrés ; l'intérieur, éclairé par une étroite meurtrière, n'était qu'une masse informe de crottes de moutons. La seule attraction de l'endroit, c'était son toit. Il offrait une bonne vue sur les bouillonnements de la mer et sur le littoral, de chaque côté, ainsi qu'une protection contre le vent, grâce à un muret d'une trentaine de centimètres. Sans doute était-ce parce qu'il lui avait fait découvrir l'endroit lors de leur première promenade ensemble que Bronwen y emmenait Seth aujourd'hui.

Miraculeusement, le chemin du château restait encore du domaine privé des gens qui connaissaient bien la région. D'accord il n'apparaissait pas sur les cartes comme un sentier praticable, mais il n'attirait que peu d'attention. En le longeant, le duo ne croisa que des moutons ébouriffés et quelques goélands. Il était rare que Bronwen parle lorsqu'elle était en mouvement ; elle gardait toute son énergie pour ses pieds et ses yeux. De temps en temps, elle déracinait une plante ou ramassait un caillou intéressant, qu'elle mettait dans son sac, ou elle s'arrêtait parfois pour observer le paysage. Toute parole était inutile : le jeune homme et elle admiraient les mêmes choses. Pour Seth, la compagnie de Bronwen représentait un soutien mais n'était pas encombrante. Il marchait dans son sillage en jouant avec ses pensées. Il y avait quelque chose en elle qui lui permettait de s'adonner au calme de la contemplation, loin du monde. C'était sans doute parce qu'elle avait un tel détachement par rapport aux choses « normales », une volonté si inflexible, que son esprit plus malléable s'accordait aussitôt à sa vision des choses. A présent qu'ils marchaient le long des falaises, une amazone et son acolyte, il ressentait la force de son caractère. Il s'arrêtaient moins qu'avant. Contrairement à leur habitude, il passèrent à côté de l'évent naturel sans s'asseoir sur l'herbe pour attendre qu'un jet d'eau de mer s'en éjecte. Bronwen fit à peine attention aux moutons. Il fallait qu'ils arrivent au château et qu'ils montent sur le toit ; là, ils pourraient parler.

Il leur fallut quarante minutes pour atteindre la pointe de Pendarth, un étroit promontoire qui s'élevait comme un pic en se détachant de la côte accidentée. Quand on arrivait là, le château était à peine visible, encore masqué par la roche qui le surplombait. Bronwen mit son sac en bandoulière et grimpa la première sur les rochers et les plaques d'herbe durcie. Les sabots des moutons avaient tracé un passage. Le fait qu'ils continuent à s'abriter dans un endroit si périlleux à atteindre indiquait que les nuits devaient encore être froides. Plus d'une fois, du toit, Seth avait jeté un œil vers l'anse humide et sombre sur la gauche, pour voir un cadavre hirsute, gonflé par la décomposition, tordu sur la roche après une longue chute. Il en avait parlé à Venetia, la première fois, et elle lui avait conseillé de toujours retenir sa respiration en traversant un cimetière. Sous terre, tous les corps se tordaient et gonflaient de la sorte et, toutes les trois ou quatre minutes, il y en avait un qui éclatait. Inhaler le gaz putride qui s'échappait des tombes raccourcirait sa vie de plusieurs années. Un oncle inconsidéré avait même renchéri sur le sujet en disant que le fait d'avoir des gaz était un don de Dieu qui nous rappelait que notre heure viendrait. On avait arrêté de le taquiner là-dessus depuis longtemps mais, pour le jeune Peake, il y aurait toujours un lien entre les toilettes et l'idée de mortalité.

En enjambant le vide qui séparait le dernier roc du toit, il trouva Bronwen allongée sur le dos. Le corps sans vie d'un Viking, mis à la mer avec le cadavre de ses concubines et de son fidèle chien. Elle ouvrit un œil.

– Tu en as mis un temps. Regarde donc dans mon sac, voir si le cidre est resté frais.

Il s'agenouilla pour fouiller dans le sac. Entre les herbes desséchées, les plumes et les cailloux qu'elles avait oubliés depuis longtemps, il sentit la fraîcheur du verre. Il sortit la bouteille et la lui passa.

– Parfait, dit-il.

Elle se redressa, retira le bouchon avec ses dents et prit une longue gorgée. Il admira son cou, étonnamment jeune. Elle reposa la bouteille et s'essuya la bouche du revers de la main.

– Le médicament qu'il me fallait. Tiens.

Elle s'apprêtait à lui passer la bouteille quand elle s'arrêta brusquement.

– Dis-moi, elle te laisse boire ce genre de truc sans problème, hein ? Je veux dire, après ce qui est arrivé à ton grand-père…

– Oh oui. Elle n'a pas l'air de penser que le cidre compte.

– C'est terrible pour les parois de l'estomac, tu sais. Ha !

Elle lui fit un clin d'œil en lui tendant la bouteille.

– Comment tu as su pour Grand-Père ? demanda-t-il en portant le goulot à ses lèvres.

– Oh, je crois que c'est ton père qui m'en a parlé, un jour.

Elle regarda vers la mer.

Le cidre était tellement sec qu'il n'avait pratiquement pas de goût. Il brûlait doucement l'arrière de la gorge de Seth. Il se souvint qu'il n'avait pas déjeuné. La boisson était forte, le soleil était chaud. Il allait devoir faire attention.

Bronwen s'appuya contre le muret derrière elle. Légèrement rosie par la chaleur, elle remonta ses manches jusqu'à ses coudes et se frotta les avant-bras, appréciant le soleil.

– J'ai traversé la crique à la nage ce matin, dit-elle. Un aller-retour. C'était plutôt glacé. Cigarette ?

– Non merci.

– Bon garçon. Une sale habitude. Prends plutôt un gâteau sec.

Elle lui lança un sac en plastique plein de flapjacks [1] à la mélasse. Il se jeta dessus avec délectation.

---

1 - Biscuits à l'avoine. NdT.

– Je trouve que c'est meilleur le soir, un peu réchauffé, non ?

– Peut-être, mais ce n'est pas exactement pareil.

– Tu veux dire qu'ils ramollissent, c'est ça ?

– Dis donc, on est ici pour parler de toi, je crois.

Il rit.

– Il faut qu'on parle de nous deux, sinon ce ne serait pas juste.

– Tu pousses un peu. Mais d'accord. Par contre, on commence par toi, parce que, moi, je suis plus vielle, donc plus compliquée. Passe-moi donc la bouteille.

Tenant sa cigarette suspecte dans une main, elle prit une rasade de l'autre. Puis elle posa la bouteille entre ses jambes et dit :

– Plus rien pour toi jusqu'à ce que tu me dises ce qui te rend si morose.

– J'avais l'impression de respirer le bonheur.

– Tu parles. Je t'observe depuis tout à l'heure et tu es triste comme un jour de pluie.

Seth rit doucement et se gratta nerveusement un doigt. Bronwen prit une longue bouffée de fumée qu'elle recracha en un petit jet soudain.

– Il t'a complètement tourné la tête, ton petit bonhomme, c'est ça ?

Seth était stupéfait. Bron et lui n'avaient jamais parlé de ce genre de chose. Il décida de jouer les innocents.

– Quoi ?

– Ne fais pas ta Sainte Nitouche avec moi. Je ne marche pas. Tu peux garder ça pour lui.

Seth prit un autre biscuit et entreprit d'en extraire un bout de raisin.

– C'est justement ça qui est bizarre. Je ne peux pas jouer les imbéciles avec lui. Depuis le début, il me traite comme un adulte.

– C'est ce que tu es. En tout cas, tu t'en rapproches pas mal. Il n'y a plus que Mère qui te traite comme un gamin. Il habite où, quand il n'est pas dans le phare ?

– Avant, il vivait à Édimbourg, mais il a vendu sa maison et il s'installe à Londres cet automne.

– Très pratique.

– Ouais...

Il prit une bouchée pour se donner du courage.

– Le problème, c'est que...

– Quoi ?

– Je n'ai pas l'impression de l'intéresser.

– Ben voyons !

– Je t'assure, Bron. Pour lui, je ne suis qu'un mioche. Il s'amuse avec moi, c'est tout. Comportement de Verseau typique.

– Je comprends mieux.

– Quoi ?

– Lion et Verseau : l'attraction des contraires.

– Le feu et l'eau ? Je brûle et il m'éteint.

– Tu pourrais le faire bouillir, si tu essayais.

– Je te dis : il me prend pour un mioche.

– Même un Verseau ne quitte pas une soirée, si peu discrètement, pour aller s'asseoir dans le jardin avec quelqu'un, si tout ce qui l'intéresse c'est de le traiter de mioche. Ne sois pas stupide. Tiens, tu as mérité un peu de ça.

Il but. Les biscuits lui avaient donné soif.

– Mollo ! Il faut que je rende des comptes à Mère, quand tu rentres.

Il rabaissa la bouteille.

– Les *flapjacks* m'ont donné soif, expliqua-t-il.

– Qu'est-ce qui te fait dire qu'il ne t'aime pas ? Et sois honnête, cette fois.

– Eh bien… Je… Tout s'est passé à merveille, au début. J'avais du mal à y croire. Je veux dire, il avait vraiment l'air de m'apprécier. Il ne s'est pas contenté de bavarder ; dès le début, nous avons vraiment discuté, tous les deux. Nous nous sommes même disputés, à un moment. Plus tard, nous sommes allés nous promener sur les falaises, et, une fois, il m'a même emmené dans sa voiture. Je crois…

Seth se remémora le cimetière, les cheveux de l'ange.

– Je crois qu'il a peur. Il a peur parce que je suis trop jeune.

– Tu n'es pas trop jeune. Dans le temps, les gens se mariaient à ton âge, et Dieu sait que, par rapport au style de vie que tu recherches, c'est autre chose comme responsabilité.

– C'est la loi, Bron. A partir de vendredi, je peux me marier, en tous cas avoir des relations sexuelles avec une fille. Dans deux ans, j'aurai l'âge d'aller regarder d'autres gens le faire dans un film, et encore trois ans plus tard, les institutions me permettront de manifester de l'amour pour un homme… à condition que ce ne soit ni en public, ni à l'hôtel.

– Mais c'est des conneries, tout ça.

– Non. C'est idiot, peut-être, mais c'est la loi. Si je couchais avec Roly, je pourrais le faire envoyer en prison pour viol d'enfant.

– Mais tu ne ferais pas ça, hein ?

– Ce n'est pas le problème. Lui, il doit penser que… nous… Je sais pas. Je crois que c'est le fait d'avoir une famille, aussi. Il est orphelin. A part ceux de Trenellion, qui n'ont pas l'air de trop vouloir s'associer avec lui, il n'a personne pour le surveiller. Je crois que ça lui fait peur que je sois entouré d'espions domestiques. Je veux dire, imagine que Mère s'en aperçoive et qu'elle comprenne tout de travers parce qu'elle a trop peur de me demander ce qui se passe. Imagine qu'elle aille à la police. Ce serait désastreux.

Il y eut un silence pendant lequel Bronwen écrasa sa cigarette sur une pierre. Les goélands faisaient des cercles au-dessus d'eux. Seth jeta un morceau de biscuit sur les rochers et deux volatiles se précipitèrent dessus avec la promptitude d'un serpent.

– Tu le fais bien avec des garçons de ton école. Ça ne lui fait rien, ça ?

– Comment tu le sais ?

– Seth, j'ai des yeux.

– Mais à l'école, ça ne compte pas. C'est pour se forger le caractère. Les jeux innocents de l'adolescence.

– Et je suppose que c'est censé vous aider à comprendre Platon. Mais pourquoi est-ce qu'elle t'a envoyé dans cet endroit sordide ?

– Ce n'est pas elle, c'est lui, et j'en suis bien content.

– Pourquoi ?

– Parce que je crois que ça m'a évité de devenir tordu.

– Tu n'es pas exactement normal, mon cher enfant.

– C'est un point sur lequel il peut y avoir débat.

– En tout cas, ça ne t'a pas donné une grande confiance dans ton pouvoir de séduction.

– Mais si. Un peu.

Il s'arrêta un instant et sourit en haussant les épaules.

– Je connais mes limites, c'est tout.

Bronwen fronça les sourcils, autant pour elle-même que pour lui. Elle se pencha pour prendre un biscuit. Toujours en pleine réflexion, elle en mordit un bout.

– Eh bien, si...

Sa bouche était trop pleine, elle dût pousser ce qu'elle mangeait sur les côtés avec sa langue.

– Eh bien, franchement, s'il te laisse tomber parce qu'une loi ridicule et impossible à appliquer fait de toi un fruit défendu, alors il ne vaut pas la peine. Enfin, s'il te laisse tomber, s'entend. Ça m'étonnerait qu'il le fasse.

– Bronwen ?

– Oui ?

– Hier. Dans le cimetière. Il m'a dit que j'étais trop jeune.

– Ah ? Il devait tâter le terrain, alors. Il ne va pas non plus prendre de risques s'il pense que tu n'es qu'un peu entiché. Ça, ce serait stupide. Bon sang, il ne te connaît que depuis deux jours ; il ne sait même pas si tu es stable. A ce qu'il sait, pour toi, il s'agit encore d'un petit béguin d'écolier et il est terrifié à l'idée que tu puisses ne pas assumer. Il est allé trop vite, il a suivi ses impulsions, mais maintenant il ralentit.

– Tu veux dire qu'il ne sait pas comment je vais réagir ?

– Exactement.

– Qu'est-ce que je fais, alors ?

– Attends qu'il fasse le prochain pas. S'il ne fait rien, ce qui voudra sûrement dire qu'il attend lâchement que tu le fasses, alors tu vas le voir. Ce n'est pas la peine de discuter dans des jardins, des cimetières ou des endroits où vous ne pouvez pas vous détendre. Il faut que vous vous promeniez près du phare, et là, calmement, sainement, tu lui dis qu'il te rend fou de désir.

– Mais...

– Et si tu n'as pas le courage de faire ça, alors c'est qu'il ne s'agit vraiment que d'un béguin d'écolier et tu ferais aussi bien de te trouver quelqu'un qui ne risque rien avec toi, au *Royal College of Music*.

Seth prit une nouvelle gorgée de cidre et s'allongea au soleil.

– Bron, tu sais rendre service.

– Je sais.

– Je n'aurais jamais cru pouvoir parler de tout ça avec toi.

– Ça, j'imagine. Ha !

Son rire déconcerta un goéland.

– Ça ne te choque pas un petit peu ?

– Tu as l'air déçu. Pourquoi, ça devrait me choquer ?

– Eh bien, ce n'est pas très habituel.

Elle lui lança un regard, jalouse de sa jeunesse.

– C'est habituel pour toi et tes amis. Si quelque chose est habituel pour plusieurs personnes, alors ce n'est plus très choquant, non ? La logique de la folie.

– Tu crois que nous sommes fous, alors ?

– L'amour n'a pas grand chose de raisonnable. Ça ne m'inquiète pas. Je m'inquiéterais davantage si tu t'étais amouraché de la petite Pollock.

– Mais on dirait que tu as déjà bien réfléchi à tout ça. As-tu déjà eu ce genre de conversation avec quelqu'un d'autre ?

– Rien qu'avec moi-même.

Il fallut quelques instants pour qu'il réalise toute l'importance de ces mots. Seth s'appuya sur un coude et vit Bronwen tirer une bouffée d'une nouvelle cigarette avec un sourire malicieux.

– Non ! lâcha-t-il.

Elle souffla un de ses petits jets et regarda l'horizon.

– Je pensais t'avoir dit d'arrêter de faire l'innocent.

Soudain, son ton n'eut plus l'air gauche, mais très sophistiqué.

– En fait, avoua-t-il, je m'en doutais un peu.

Il réprima un cri de joie et l'envie de la prendre dans ses bras : elle était trop réservée. Bouillonnant, il réussit à continuer.

– Elle t'a complètement tourné la tête, c'est ça ?

Il sentit aussitôt qu'il venait de faire une terrible erreur. Le sourire de Bronwen disparut.

– *Elle ?*

– Mais... oh.

Seth était confus.

– Mon cher enfant, tu ne pensais tout de même pas que j'étais amoureuse de ta mère !

– Eh bien, je...

Son ricanement ne fit rien pour le réconforter.

– Bronwen, la vieille gouine. Je parie que c'est ce qu'elle pense, non ? C'est ça ? C'est bien le genre de conclusion absurde et égocentrique qu'elle irait tirer.

– Mais qui, alors ?

– J'aurais cru que c'était évident, dit-elle en regardant de nouveau la mer. Je sais que tu as tendance à oublier qu'il existe, mais tu as le bonheur d'avoir un deuxième parent.

– Toi et Père, soupira-t-il.

– Je ne devrais pas t'en parler. Je lui ai promis.

– Non. Tu dois tout me dire, maintenant. S'il te plaît. C'était quand ?

– Il y a des années. Tu n'étais qu'un enfant.

– La première fois que je t'ai forcée à venir dans notre jardin ?

Elle marqua un temps pour déglutir.

– Avant ça.

– Mais comment ?

Il se sentit défaillir, empreint d'un terrible sentiment de trahison. Elle avait toujours été son amie, à lui. Son amie spéciale des vacances. C'était lui qui l'avait trouvée.

– Seth, je te jure que je n'avais pas la moindre idée que tu étais son fils.

Sans oser la regarder, il arracha un morceau de mousse desséchée sur la pierre et la laissa continuer.

– Ça n'a duré qu'une semaine. Deux, peut-être. Un jour il est passé au studio et nous avons commencé à parler. Une discussion sans queue ni tête. Il m'a sorti qu'il s'était fait poursuivre par un troupeau de bœufs à Puffin Cliff. Au début, je croyais qu'il avait bu. Seth, ça n'a pas compté ; c'est arrivé pendant une période à vide. Il avait besoin… Ça aurait pu être n'importe qui d'autre. Jusqu'à ce que tu m'emmènes chez toi, cet après-midi-là, je te jure que j'ignorais qu'il avait une famille.

Alors il vit des larmes sur ses joues. Désespéré, il voulut s'approcher d'elle, mais elle l'en empêcha.

– Non. Non, pour l'amour du ciel, ne me touche pas. Sinon je vais craquer. Continue de parler. Bon sang, continue de parler, je t'en prie !

Seth avait l'esprit vide. Il voulait tant trouver quelque chose à dire qu'il ne pouvait que rester là, à la regarder, puis à regarder le sol, puis la falaise. S'il avait pu lui désobéir et la prendre de force dans ses bras pour la réconforter, la douleur aurait été un peu moins grande ; maintenant, il était impuissant.

– Je reviens tout de suite, murmura-t-il en se levant.

Il retraversa les rochers et rejoignit le pré en chancelant. Les moutons avaient dérivé jusqu'à la péninsule. Ses mouvements brusques les firent s'enfuir.

Il ne pouvait s'empêcher de revoir son visage émacié, couronné de sa crinière rousse et creusé de larmes. Sa réaction le fit rougir. Le sang qui lui montait au visage se coagula dans sa gorge quand il repensa à toutes les fois où sa mère avait plaisanté sur « Bron la garçonne » et toute sa famille avait ri. Bron la folle avec son vélo d'homme. Ils en avaient tous rajouté un peu, sauf Père. Il se retourna, une fois en haut du pré, et vit qu'elle s'était engagée sur le chemin, apparition étrange au milieu des moutons. Quand il la rejoignit, elle écarta ses longs bras pour l'accueillir dans une étreinte qui lui coupa le souffle. Et puis ses bras se desserrèrent et elle le poussa doucement devant elle.

– A la maison, garnement contre nature. Rentre donc préparer le dîner pour ta pauvre mère qui ne se doute de rien.

– Salut. C'est Harry. Harry Barnes.

– Oh. Bonjour.

Elle se pencha par la fenêtre et lui sourit. Il avait quitté sa tenue de cricket et son blazer et portait maintenant un costume de lin gris.

– Passez par le jardin, c'est ouvert.

Ça lui allait beaucoup mieux. L'évanouissement progressif de sa jeunesse était moins mis en valeur. Elle se regarda de plus près dans le miroir et se passa une brosse dans les cheveux, grimaçant à chaque nœud.

– Il y a quelqu'un ?

Sa voix, par la porte coulissante. Elle se remit au lit avec deux ou trois livres qu'elle connaissait assez pour en discuter et dissimula son petit intrus en relevant légèrement les genoux sous les couvertures.

– Par ici. Je suis en haut. On m'a envoyée me coucher.

– Oh, fit la voix dans l'escalier. Vous préférez peut-être que...

– Pas du tout. Je ne suis pas contagieuse. Je m'ennuie, c'est tout.

Il entra. Elle remarqua aussitôt qu'il avait pris le soleil. Ses yeux laiteux en étaient plus bleus et ses cheveux d'un brun plus intéressant.

– Si j'avais su que vous étiez alitée, je vous aurais apporté des fleurs, ou du gin, pour vous assommer.

– On ne peut pas acheter de fleurs à Saint Jacobs, rien que du poisson. Vous ne m'avez pas demandé ce que j'avais.

– Éclairez-moi.

Ses dents brillaient. Elle imita Marilyn Monroe.

– Quelque chose d'intestinal et de très déplaisant, gloussa-t-elle.

– J'en ai assez entendu.

– Tout à fait.

Elle lui désigna la chaise d'un gracieux mouvement de bras.

– Je vous en prie, asseyez-vous. Vous n'avez qu'à mettre les livres par terre. Dieu que c'est bon de voir un visage humain ! Ils sont tous en train de répéter depuis ce matin.

Il s'assit et parcourut les titres qu'elle avait gardés près d'elle.

– *Shakespeare et l'idée de la pièce*. Ça, c'est un bon livre.

– N'est-ce pas ? Un ami d'Oxford me l'a vivement recommandé. Il a eue l'auteur comme professeur, le veinard.

– Personne n'est venu vous rendre visite ?

– Pas une âme. D'habitude, il y a la femme de ménage, mais elle n'a pas trop de conversation. Tout le monde est trop occupé à faire de la musique. Et quand bien même, Maman a une drôle d'attitude envers la maladie ; elle ne dirait rien à personne. Pour elle, c'est une défaillance morale ; comme le doute. Une de ces phases que traversent tous les enfants mais dont il n'est pas de bon ton de parler en public. Elle s'est arrangée pour que nous attrapions tout ce que nous pouvions le plus tôt possible. Si un de nos amis avait la rougeole, on nous envoyait jouer dans sa chambre tout un après-midi dans l'espoir qu'il nous contamine. Un jour, elle s'est mise très en colère parce qu'on lui avait répété que j'avais perturbé un des petits patients en lui disant que Seth et moi devions embrasser chacun de ses boutons de varicelle.

– Monstrueux !

– Pourquoi êtes-vous si bronzé ? Allongée ici, je me disais, malgré ce soleil éclatant, qu'il y avait au moins quelqu'un d'autre qui souffrait comme moi, cloîtré dans l'ombre. Je pensais que vous trimiez sur votre machine à écrire.

– Grand Dieu, non ! Apparemment je ne peux écrire que trois ou, au mieux, quatre heures par jour.

– Alors vous écrivez toute la matinée et, l'après-midi, vous rendez visite aux malades abandonnées par leur père ?

– En général. Mais il y a quelques variantes. En ce moment, je suis dans une période où je dors toute la matinée, je m'ennuie tout l'après-midi, et je ne suis d'humeur à écrire que vers dix-neuf heures trente.

– Je ne vois pas où est le problème. Tout cela me semble très civilisé.

– C'est vers dix-neuf heures trente que la meute revient, après avoir frotté ses cordes, et que nous devons nous rassembler, autour de la table de ferme, pour un repas convivial.

– Mon Dieu, quelle horreur !

– Le pire, c'est qu'apparemment, la plupart de ces « professionnels » ne s'étaient jamais rencontrés avant et, à partir du second soir, ils se sont tellement affairés à rattraper le temps perdu que les choses ont commencé à devenir licencieuses.

– Et vous ne pouvez pas vous enfermer dans votre chambre ?

– J'essaie, mais le bruit traverse les murs.

– Au moins, ce n'est pas comme à l'université : on vous épargne les détails scabreux au petit déjeuner.

– Dieu merci.

Barnes eut un frisson perceptible.

– Je me souviens, commença Venetia, j'avais un voisin, à chaque fois on aurait dit qu'il était en train de tuer sa partenaire. Ça commençait par les grognements et les soupirs habituels, et puis les grognements se faisaient de plus en plus forts. Et pendant ce temps, il y avait les gémissements pathétiques de la fille, qui faisait semblant, j'en suis sûre. Ce genre de fille-là. Et à la fin, il criait comme en plein effort, comme s'il était en train de la rouer de coups avec un objet contondant. J'ai eu très peur, la première fois que j'ai entendu ça. La rumeur a commencé à circuler dans toute la faculté et les gens se sont mis à me rendre visite à n'importe quelle heure, sous des prétextes bidons, dans l'espoir d'arriver au moment crucial. Benji, c'est l'ami qui écrit une thèse sur vous, à propos, Benji a déclaré qu'il s'agissait d'un nouveau concept de performance et que je n'avais qu'à apprendre à voir cette expérience comme quelque chose de sauvagement chic ; une nouvelle dimension dans le design d'intérieur.

Barnes rit de bon cœur.

– Je me demande pourquoi c'est si ridicule, dit-il.

– J'imagine que c'est parce que les amoureux se laissent complètement aller. C'est comme quand on surprend quelqu'un en train de danser tout seul, ou de se parler dans le miroir.

– Mais, ne vous sentez-vous pas ridicule quand vous le faites vous-même ?

– Mais bien sûr…

Elle était prise de court.

– C'est bien pour ça que j'essaie de ne le faire que le moins souvent possible, mentit-elle. Et vous ?

– Oh, pour moi, c'est pire. Enfin, j'imagine que c'est pire d'un certain point de vue, et infiniment mieux d'un autre.

– Ne soyez pas si évasif. Qu'est-ce que vous voulez dire ?

Elle aurait aimé que Benji soit une petite souris, en train de prendre des notes dans un coin.

– Eh bien…

Il s'arrêta, recroisa les jambes et se pencha en avant pour regarder fixement ses genoux. Il choisit ses mots avec soin.

– Cliniquement parlant, j'imagine qu'on pourrait me qualifier d'homosexuel ; et un des charmes de cette situation, c'est que les membres de cette confrérie ont tendance à être, soit si incomparablement vulgaires qu'on ne les rencontre pas, soit si délicieusement empêtrés dans leur confusion, qu'en leur compagnie, le sexe ne trouve que rarement l'occasion de montrer son horrible tête.

– Ça explique tout.

– Qu'est-ce que ça explique ?

– Eh bien pourquoi j'aime vos livres, bien sûr, mais aussi pourquoi j'étais si sûre que j'allais vous apprécier quand on nous a présentés, l'autre soir.

– Je n'aurais peut-être pas dû vous le dire.

– Vous n'aimez pas qu'on le sache ?

– Pas trop. C'est tellement réducteur.

– Alors ils n'en sauront rien. Tous ces Professionnels pourront croire que vous faites passionnément l'amour avec moi pendant qu'ils sont à leur frottage de cordes.

Il rirent.

– Seth est gay, non ? demanda-t-il sans laisser paraître le moindre doute.

Venetia eut l'air surpris. Cette remarque lui semblait curieusement hors de propos.

– Oh, non, je ne crois pas, répondit-elle aussitôt. Il est poli et un peu sensible, c'est tout. Pourquoi cette question ?

– Pour rien, vraiment. C'est juste la curiosité de pie d'un auteur à la recherche de personnages. Aimeriez-vous venir à New York ?

– Qui vous en a parlé ?

– Personne ne m'a rien dit.

– Je rêve d'y aller depuis que j'ai à peu près douze ans. J'avais l'intention d'essayer de m'y rendre après les examens, l'été prochain.

– Pour y faire quoi ?

– Je ne sais pas. Évidemment, il faudrait que je trouve un boulot pour financer mon voyage, mais c'est quasiment impossible d'avoir un permis de travail si on n'a pas la confirmation écrite que quelqu'un va vous employer en arrivant.

– Je pourrais vous employer.

Les yeux de Venetia s'arrondirent comme son ventre.

– Et puis-je m'enquérir, Monsieur, de la qualité en laquelle vous le feriez ? demanda-t-elle à la manière de Blanche Dubois.

– Savez-vous taper à la machine ?

– Pas vraiment, mais je peux apprendre pour juin prochain.

– Eh bien, j'ai besoin de quelqu'un qui puisse m'aider. Quelqu'un qui aie un cerveau et aucun contact en Amérique, de manière à ce qu'il puisse faire le travail dans son coin, sans avoir la tentation de se rendre chez lesdits contacts. Vous avez un cerveau, manifestement, et vous n'avez aucun ami aux États-Unis, sinon vous ne ressembleriez pas à Betty Boop.

– Ne soyez pas méchant, rit-elle.

– Et je ne pense pas me tromper en disant qu'on pourrait bien s'entendre.

Leurs sourires se croisèrent une nouvelle fois, clairs et confiants.

– Qu'est-ce qu'il faudrait que je fasse, à part donner l'impression que je suis votre poule domestique ?

– Je voudrais que vous preniez ma dictée, que vous arrêtiez d'être grossière, et que vous m'aidiez dans mes recherches pour les romans et les cours à Yale. Et il faudra que vous soyez gentille avec ma mère assez régulièrement.

– Oh, mon Dieu !

– Non, elle est formidable, vraiment.

– Bien sûr, vous n'allez pas dire le contraire.

Elle sentit que le moment était venu de reprendre un peu le contrôle. L'occasion était trop bonne pour qu'elle se perde en plaisanteries.

– Nous avons tout le temps pour en discuter, au moins par correspondance. Il me reste encore toute une année scolaire pour avoir ma licence. De votre côté, ça vous laisse tout le temps de trouver une bonne excuse pour ne pas m'employer. Non, mais sérieusement...

Elle avait plaisir à faire crisper ses sourires. C'était trop facile.

– Sérieusement, je n'ai pas d'autres projets. Je veux trouver un boulot où j'utilise mon cerveau ; j'en ai besoin. Et je ne veux pas continuer mes études, même si je décroche une mention. En ce moment, mes chances de trouver le travail idéal, ou même un travail potable, sont assez minces, ici. Je ne vois vraiment aucune raison pour ne pas aller là-bas.

– Ça vous intéresse vraiment, alors ?

Elle prit un accent américain :

– Tu parles !

– Ne t'avise pas de changer d'avis et de t'installer en banlieue de Londres pour avoir les enfants de quelqu'un d'autre.

– Pas question !

Il y avait une nervosité désespérée dans son rire. Elle fit de son mieux pour la masquer en prenant l'initiative :

– Tu pourrais peut-être prendre le temps de venir dans les Fens, l'année prochaine, pour donner une conférence. On pourrait en reparler.

Il se leva, marcha jusqu'à la fenêtre et feignit de bâiller pour cacher sa gêne d'être dans la chambre de cette jeune Anglaise.

– Ta maman peut-elle voir son église d'ici ? demanda-t-il en ignorant sa suggestion. Ah, non. Pas tout à fait. Oh, mais j'aperçois ton jeune frère qui descend du pré avec cette vieille femme des collines.

– Seth et Bronwen ?

– Oui.

– Ils sont allés se promener sur les falaises.

– Bon. Je dois y aller.

– Tu restes prendre le thé ?

– Non merci. C'est mon tour d'éplucher les pommes de terre. Essaie de te rétablir pour jeudi soir.

– Pourquoi ?

– Pour venir voir ma conférence sur Trollope.

– Oh, bien sûr. Désolée.

– Non. Ce qui compte, ce n'est pas la conférence, même si elle peut te renseigner sur le genre de chose qu'il te faudra supporter pendant les prochaines années. Je pensais surtout que nous pourrions sortir, après. Tu pourrais me montrer Penfasser la nuit.

– Chouette. Je vais faire de mon mieux.

– Ne bouge pas. Je peux retrouver la sortie.

– Au revoir.

Elle sourit. Il était plutôt d'une compagnie agréable. Elle se blottit dans les oreillers alors qu'il descendait l'escalier. Beaucoup moins acide que Benji. Elle était stupéfaite de la facilité avec laquelle ils avaient fait tomber toutes les barrières habituelles. Elle aimait ce côté américain, chez lui. Elle l'entendit refermer la porte du jardin et se sentit flattée d'être devenue l'élue d'entre toutes les femmes. Elle tapota la bosse, certaine à présent que sa présence ne durerait pas. La porte s'ouvrit à nouveau, en bas. Son âme s'agrandit.

– Salut, cria niaisement Seth. Je suis rentré.

Mardi Trois

Mo attacha sa moto à un réverbère et prit son casque sous le bras. Des gamins s'amusaient à balancer une boîte de Coca vide contre un mur. Une petite grosse aux cheveux roux s'arrêta pour observer Mo aller jusqu'aux marches. Puis, imitant l'accent d'Hilda Ogden, elle l'interpella.

– Si je vois encore un de ces foutus motards dans le quartier, j'écris à la municipalité, vous pouvez en être sûre !

Mo grimpa les marches au milieu des éclats de rire. Les enfants lui donnaient la chair de poule. Une fois, elle en avait giflé un dans un supermarché et sa mère s'était mise à hurler comme un putois.

La maison de Suffolk était située dans l'un des plus anciens quartiers de la ville, datant de la fin des années quarante, avant que l'on construise des immeubles gigantesques. Elle était en briques rouges et faisait six étages. L'escalier donnait sur chaque balcon. Il était facile de repérer son étage grâce à la couleur des portes. Vert, jaune, bleu, violet, rouge et marron. Celle de Mumsy était marron : sixième étage. Des ordures traînaient partout et il flottait dans l'air une forte odeur de pisse. Pas d'ascenseur. Du coup, Mo lui faisait souvent ses courses. Mumsy racontait qu'une de ses amies avait un ascenseur, mais qu'il était toujours en panne et que, de toute façon, il valait mieux grimper six étages que seize. Elle entendit un fracas de *dance-music,* et deux gamins noirs qui sortaient du balcon rouge chargés d'un énorme radio cassette la dépassèrent. Ils allaient sûrement foutre une peur bleue à la rousse. Mo sourit un court instant.

Elle monta jusqu'au balcon marron et se rendit au numéro vingt neuf, passant à côté de linge propre aux couleurs vives en train de sécher sur des fils. Elle sonna et attendit. Elle sonna une deuxième fois. Toujours pas de réponse. Elle entrouvrit la boîte à lettres et appela.

– Mumsy ? Tu es là ? Maman ?

La vieille femme devait dormir. Mo sortit sa clé de secours et entra dans l'appartement. Il était composé d'une entrée minuscule, d'un salon, d'une chambre, d'une salle de bain et d'une cuisine. Mo posa son casque et entra dans le salon.

– Bonjour, Mumsy.

Celle-ci s'était assoupie dans son fauteuil sans avoir eu le temps de retirer son écharpe et son manteau. Un sac de courses était posé à ses pieds. Mo lui toucha doucement la main. Sandra se mit à pépier dans sa cage. Sandra la perruche. Elles étaient ensemble depuis si longtemps que Mumsy voulait la faire empailler. Mo espérait que sa maîtresse serait la première à partir, au nom de la dignité de l'oiseau. Mumsy ouvrit les yeux, troublés par la fatigue. Un large sourire apparut sur son visage.

– Hein ? Oh, bonjour, ma chérie. Joyeux anniversaire pour samedi ! J'ai piqué du nez ? Quel malheur. Ça doit être l'âge. Il faudrait que je... oh mon Dieu, regarde-moi ça, je n'ai même pas retiré mon manteau !

Elle se leva et embrassa sa fille.

– Bonjour ma chérie, lui dit-elle.

– Bonjour, Maman. Merci beaucoup pour la carte.

– Tu l'as reçue à temps ?

– Oui.

– Parfait. J'ai toujours un peu de mal avec les samedis. La poste est bizarre le week-end. Tu as eu de beaux cadeaux ?

Mo pensa à Hope.

– Oui, dit-elle en souriant. Un ou deux.

– Et alors ? Qu'est-ce que c'était ? demanda sa mère adoptive, après une courte pause.

– Viens. Allons faire du thé et je te le dirai après.

– Certainement pas. C'est ta journée. Je vais faire le thé et toi, tu t'assois et tu ne bouges pas.

Elle poussa Mo dans le canapé et se rendit avec ses sacs dans la cuisine en traînant un peu les pieds. Elle chantonnait. Mo l'aida, ça allait plus vite.

– Comment va ton travail ? demanda Mumsy.

– Ça va.

– Rien de passionnant en ce moment ?

– Pas vraiment. Des cambriolages. Je vais avoir ma photo dans le journal, remarque.

– Vraiment ? (Sa voix semblait sincèrement ravie.) Quand ?

– A la fin de la semaine, je pense. Un de leurs stupides photographes me suit partout. C'est casse-pieds.

– Pourquoi te prennent-ils en photo ?

– Aucune idée. Il faut bien qu'ils photographient quelque chose, je suppose.

– Tu es comme ton père était. Bien trop modeste.

Mo s'assit et observa Sandra en train de se regarder dans un miroir. Elle tapota la cage de manière à ce que le miroir se balance légèrement et sourit en voyant l'oiseau bouger son horrible tête pour continuer à regarder son image. Mumsy apporta les tasses et les soucoupes ainsi qu'un gâteau rose recouvert de glaçage. Avec une bougie au milieu.

– Arrête d'embêter Sandra. Tu vas encore la rendre malade.

– Qu'est-ce que tu veux dire par « encore » ?

– Eh bien, il lui a fallu des semaines pour se remettre du truc à mâcher que tu lui avais donné, dit Mumsy, en retournant à la cuisine. Je crois que ce n'était pas pour les perruches. Ça ne lui a pas réussi du tout.

La bouilloire émit un sifflement. Mumsy attendit que celui-ci soit à son comble avant d'éteindre le gaz. Elle avait des convictions bien arrêtées sur les propriétés du thé et de l'eau.

Mo savait qu'elle aurait dû proposer à sa mère de venir vivre avec elle à Hackney, mais n'arrivait pas à s'y résoudre. « Ç'aurait été comme d'abandonner. Ses parents adoptifs avaient été bien plus âgés que les parents de ses copains d'école. C'était d'ailleurs sûrement la raison pour laquelle ils l'avaient adoptée ; ils étaient trop âgés pour avoir des enfants. Ils s'étaient mariés tard. Par amour, sans aucun doute, parce qu'ils ne s'étaient pas précipités. Papa avait été maçon et entraînait les gars au gymnase en soirée. Son cercueil avait été énorme, malgré ses soixante ans. Mumsy avait toujours affirmé qu'il pouvait déchirer une manche de T-shirt avec ses biceps, Mo s'en était d'ailleurs vantée auprès de ses camarades d'école. Avoir un papa qui pouvait faire ça compensait le fait de n'avoir qu'une seule jupe. Mumsy avait, quant à elle, été ouvreuse à l'Empire ; ç'avait donc toujours été Papa qui la faisait se lever et lui préparait son petit déjeuner tous les jours. L'école se trouvant juste en bas de la route, il l'avait toujours accompagnée jusqu'à ses portes avant de se rendre sur son chantier. Elle n'avait jamais eu de problèmes avec les garçons, évidemment, et avait travaillé dur sans jamais se plaindre ; la gamine parfaite. Elle regarda les rosettes en sucre et se rendit compte qu'elle n'avait commencé à découvrir qui était Mumsy que vers l'adolescence.

– Le thé est prêt, dit Maman, en allumant la bougie. Il n'y en a qu'une, je suis désolée ma chérie mais…

– C'est pas grave. Je suis un dinosaure dans la force de l'âge.

– Ce n'est pas du tout ce que je voulais dire, continua-t-elle en servant le thé. C'est juste que les anniversaires ont beaucoup moins d'importance quand on est adulte.

– Ton gâteau est superbe, Maman. Tu es douée.

– C'est un plaisir que de le faire, plaisanta-t-elle. Allez, vas-y. Souffle.

Mo lui sourit tout en obéissant. Mumsy applaudit et lui dit d'un ton énigmatique :

– Tu ne bouges pas. Je reviens dans une seconde.

Mo coupa deux parts de gâteau pendant son absence. Mumsy ne sortait le plat et la pelle à gâteau que pour les anniversaires. Elle avait suivi des cours de décoration pâtissière.

– Joyeux anniiversaire, Mo. Joyeux anniiiiversaire ! chanta Maman en revenant avec un gros paquet.

Il faisait au moins trente centimètres de haut et était deux fois plus large.

– Je suis sûre que tu ne devineras jamais, dit-elle en s'asseyant et en avalant une bouchée de gâteau.

Mo eut un coup de cafard, mais conserva le sourire en défaisant le ruban et le papier cadeau. Elle mit la cage sur ses genoux en grimaçant.

– Oh Maman ! s'exclama-t-elle.

– Je sais que tu n'apprécies pas trop les perruches, même si je trouve que ce sont les meilleurs animaux du monde. Comme ma voisine d'en face, Bren, a un couple de canaris qui vient d'avoir plein de petits, elle m'a donné celui-là. Tu ne le trouves pas mignon ? C'est un garçon, alors il va chanter.

L'oiseau était ravissant ; jaune, avec une touffe de plumes vertes sur le dessus de la tête. Il sautilla de perchoir en perchoir quand Mo approcha le visage de la cage, et pencha la tête de côté en laissant échapper un piaulement interrogateur. Mo rit.

– Oh Maman, il est trop mignon ! On dirait un petit écolier avec une casquette.

– Il te fait vraiment plaisir ? J'avais un peu peur que non, après l'avoir ramené ici. J'avais totalement oublié Andy.

– Oh tant pis pour lui.

– J'y ai réfléchi et je me suis dit que tu pourrais accrocher la cage dans la cuisine. Il y fait chaud et c'est bien éclairé. Et puis, si tu l'accroches au plafond, Andy ne pourra ni l'attraper ni l'embêter. Bren m'a dit qu'ils aiment bien être en hauteur.

– Tu aimes regarder, poussin ? lui demanda Mo.

Il gazouilla en retour.

– Tu as vu ? Il te répond. Comment vas-tu l'appeler, chérie ?

– Il faut que j'y réfléchisse. Qu'est-ce que tu penses de Denis – pour Denis la Malice ?

– Oh oui. Ça lui va bien.

– Il vaut mieux qu'il reste avec toi jusqu'à ce que je puisse venir le chercher en voiture. Le voyage en moto le mettrait en pièce.

– D'accord. Sandra sera enchantée d'avoir de la compagnie.

– Ton gâteau était délicieux, Maman, dit Mo, heureuse que Denis ne soit pas une perruche.

– Pas mal, hein ? Tu te rappelles de celui que j'avais préparé pour ta charmante amie, Molly ?

– Maggie.

– Oui, c'est ça. Papa m'avait raconté que tu lui avais dit que, comme ses parents ne se rappelaient jamais de son anniversaire, nous allions le faire pour eux, comme si elle faisait partie de la famille.

– Je m'en souviens. Tu lui avais fait énormément plaisir.

Mo se souvint de la façon dont Maggie avait chanté et dansé de joie en revenant à l'appartement de Earls Court, vêtue de l'épouvantable robe en jersey rose que Mumsy lui avait tricoté sur sa machine. Mo lui avait offert un autoradio.

– Quel malheur, pour son accident, dit Maman, elle était vraiment gentille. Je me rappelle que Papa a dit qu'il était plus heureux de te voir habiter avec elle que de te voir épouser le Prince Charles.

– Il a réellement dit ça ? demanda Mo en riant, en souhaitant que Hope puisse entendre.

– Plus ou moins. Tiens. Reprends du gâteau. Je ne pourrais pas tout finir.

– Non, vraiment. J'ai bien mangé.

– Allez. Juste un morceau.

– Non. Tu vas me faire grossir.

– Mais non. Tu as une très jolie silhouette. Je te l'ai toujours dit.

– Oh, arrête. Je ressemble à une barrique !

– Balivernes. Tu aurais dû me voir à ton âge. J'étais monstrueuse. Grosse comme Arbuckle ; et ton père n'était pas vraiment mince. Ta mamie disait souvent qu'elle se demandait comment le lit pouvait nous supporter tous les deux en même temps.

Maman rit. Puis dit, sur un ton plus sérieux :

– Tu sais que j'aimerais bien te voir te fixer. Trouve un honnête garçon pour veiller sur toi. Je ne veux pas que tu te retrouves toute seule quand je serai partie.

– Maman, s'il te plaît. On en a déjà parlé. Je ne suis pas seule. J'ai des amis.

– Ouais, les amis ne suffisent pas toujours. Et tu le sais.

– Ils me suffisent à moi. Allez, ne t'inquiète pas. C'est pour toi que je me fais du souci. Comment va ta jambe ? Tu es retournée à la clinique, comme je te l'avais demandé ?

– En fait...

La vieille femme s'arrêta et regarda Mo d'un air implorant.

– En fait non. Tu sais bien que j'ai horreur d'y aller. Il y a trop de bruit et puis il faut attendre pendant des heures.

Elle frotta le bandage gris, sous son genoux, et poursuivit :

– En plus, ils ne feraient que me donner des pilules qui coûtent cher.

– Je t'ai déjà expliqué que la Sécurité Sociale te remboursera puisque tu es retraitée.

– Mais, je n'aime pas le médecin.

– Qu'est-ce qu'il t'a fait ?

– C'est un... euh... un de ces Asiatiques.

– Maman, pour l'amour du ciel...

Une fois de plus, la naïveté de l'une provoquait les réprimandes de l'autre. La mère se laissait disputer humblement, mais la fille savait que l'emprise qu'elle avait sur elle disparaîtrait dès qu'elle serait partie. Dans sa cage, Sandra avait découvert comment faire pour balancer son miroir sans l'aide de l'affreuse femme.

Mardi Quatre

Evelyn s'assit sur un banc pour manger du Dolcelatte en regardant le soleil se coucher, pendant que les accords des solos de Bach joués par Seth lui parvenaient de sa fenêtre ouverte. Durant le dîner, il semblait avoir bizarrement perdu son entrain. Sans doute l'air de la mer. Il aurait mieux fait de rester à la maison pour répéter sur l'horreur de Bevan ; elle avait remarqué qu'il avait eu du mal à s'en sortir ce matin. Le soleil disparut presque totalement et le jardin devint trop frais pour y rester. Remontant son gilet sur ses épaules, elle empila les restes sur un plateau, puis se souvint de sa fille.

Venetia était assise contre une montagne de coussins, en train de lire *Barchester Towers*. Son plateau repas était posé par terre. Evelyn le ramassa et s'assit au bord du lit.

– Comment va ma fille ?

Venetia releva les yeux.

– En pleine santé et très contrariée.

Evelyn sourit avec compassion et la laissa continuer.

– Je sais que tu te demandes ce qui m'arrive. Pour tout t'avouer, je n'imaginais pas non plus être du type hystérique. Ce n'est sûrement pas l'accomplissement d'un désir.

Elle frappa gentiment son abdomen.

– Je ne voulais pas d'un foutu bébé. Je n'en ai jamais voulu.

Elle regarda sa mère et plissa sa lèvre inférieure, feignant la souffrance. Evelyn l'étreignit puis, s'écartant, la regarda, une main placée sur une des épaules de sa fille.

– Peut-être que, si nous apprenons toutes les deux à nous détendre, ça s'en ira. Ton corps essaye de te dire quelque chose.

Venetia eut un reniflement de mépris. Evelyn, blessée, retira sa main.

– J'essaye juste de t'aider.

– Je sais, je suis désolée.

– Je dois l'admettre… hésita-t-elle.

– Quoi ?

– J'ai été plutôt surprise hier quand Robbie m'a dit que tu étais encore… euh… vierge.

– Ça te fait plaisir ?

Evelyn attendit un instant.

– Foutre oui ! Oui. Oui, ça me fait plaisir. Je suis fière de toi ! Je me doute que, venant de ma part, ça doit sonner affreux et vieux jeu.

– Mon Dieu ! Et moi qui, pendant ce temps, m'imaginais que tu serais inquiète de mon absence de vie sexuelle.

Venetia rit, le soulagement se lisait sur son visage. Evelyn eut l'air soucieuse une seconde.

– Tout va bien, n'est-ce pas ?

– Je ne suis pas gouine, si c'est à ça que tu penses.

Evelyn sembla soulagée.

– Simplement, poursuivit Venetia, je ne comprends pas ce besoin irrésistible de s'envoyer en l'air. C'est si bien que ça ?

– Pas mal. Mais ne te sens pas obligée de te presser.

Un silence suivit, rempli de sourires évasifs.

– Comment s'est passée ta journée ?

– De moyen à carrément ignoble. Je ne suis vraiment pas douée pour les compositions modernes. Je dois me faire vieille.

– Mais tu n'as jamais été « douée » pour jouer ce genre de choses.

– J'ai toujours eu une attitude mature. Et ta journée ?

– Beaucoup, beaucoup de travail, et – là, elle prit l'accent de la Nouvelle Angleterre – Harry Barnes m'a rendu visite.

– Vraiment ? Est-ce qu'il a vu... euh ?

– Non, il n'est pas au courant que j'ai un polichinelle hystérique dans le tiroir – Seth non plus d'ailleurs, ce n'est donc pas la peine de lui dire. Je me suis arrangée pour cacher le petit étranger sous un tas de livres et de couvertures et en ne bougeant pas de mon lit.

– Comment va-t-il ? Je n'ai pas encore eu le temps de lui parler, enfin pas vraiment.

– Très bien. Nous avons parlé de Trollope et de Cambridge. Il veut que je lui montre Penfasser de nuit. Je lui ai dit que je verrais comment je me sens un peu plus tard dans la semaine.

– Charmant.

– Il n'est pas horriblement Américain, tout en n'étant pas trop l'ancien étudiant type d'Eton. Je crois qu'il est sur le point de m'offrir un travail.

– Un travail ? Quel genre de travail ?

– Comme chercheuse. Il lui en faut une pour ses livres et ses conférences et il n'a pas confiance dans les universités américaines pour produire ce qu'il cherche.

– C'est flatteur.

– N'est-ce pas ?

Evelyn se leva.

– Ne lis pas trop tard.

– Mère, je ne suis pas vraiment malade.

– Je sais. Mais laisse-moi m'inquiéter quand même.

– D'accord. Si tu es bien sage. Bonne nuit.

– Dors bien.

Evelyn descendit à la cuisine où elle bâilla abondamment. Seth jouait toujours. Elle posa le plateau sur la table de travail à côté de l'autre. Mme Log s'en occuperait le lendemain matin.

Mercredi Un

C'était le premier boulot de Jamie. Afin de vivre un peu par lui-même avant d'entrer à Exeter, il avait quitté sa maison du Gloucestershire afin de s'installer chez des amis à Londres. Il avait été sollicité par le rayon livres à cause de son bac littéraire. Son uniforme du lycée était un peu trop petit maintenant et lui donnait chaud, mais il préférait ça au veston en polyester fourni par la boîte ; en plus, ça empêchait les filles de s'imaginer qu'il travaillait là à plein temps.

Assis sur leurs tabourets, Michelle et lui observaient l'étage occupé par leur rayon. Michelle travaillait là depuis qu'elle avait quitté le lycée à seize ans. Elle trouvait Jamie drôle.

– Où est-ce que tu as été pendant la pause ? Je ne t'ai pas vu du déjeuner.

– Je suis sorti.

– Où ça ?

– A la bibliothèque.

– T'es cinglé. (Elle fit claquer sa langue.) Pour quoi faire ?

– On m'a donné une liste monstrueuse de bouquins à lire avant d'entrer au... euh... à la fac.

– Putain, t'as pas de chance ! se moqua-t-elle. Et tu entres où ?

– Exeter.

– C'est où ça déjà ? Dans le Dorset, non ?

– Le Devon.

– C'est un IUT ?

– Non. Juste une université, en fait.

– « En fait », elle imitait son accent à la perfection. Petit prétentieux. Il n'y a que les fils à papa qui disent « en fait ».

– Ne sois pas méchante. Je ne t'imite pas, moi.

– Vas-y. Imite moi.

– Ça ne serait pas drôle.

– Tu es gentil. Oh. Je peux vous aider, Madame ?

– Vous pouvez essayer. Je cherche un recueil d'entretiens religieux de Radio 4. Je crois que c'est édité par la BBC. Ils en ont parlé l'autre jour. Et ça doit exister en livre de poche.

– Je ne suis pas sûre. Jamie, tu vois de quoi il s'agit ?

– *Le Plaisir du Pasteur*, Madame ?

– Oui. C'est ça. Bravo.

Elle sourit, s'étant tout de suite rendu compte que Jamie ne travaillait pas là à plein temps.

– Vous le trouverez à côté des escaliers, au rayon BBC. Il y a bien une édition de poche, mais il est possible que nous n'en ayons plus. Dans ce cas, nous pourrions vous l'avoir pour samedi.

– Oh. Parfait. Merci beaucoup. Je vais aller jeter un coup d'œil.

Elle sourit à nouveau et partit vers le rayon.

– Comment ça se fait que tu saches ça ?

– Un hasard. J'ai lu la brochure que reçoit Mme Jones du siège social toutes les semaines. Ça traite de toutes les nouveautés. Ici les gens ne demandent que des nouveautés – c'est le genre de la boutique.

– Tu as eu un coup de pot. Tu es au courant pour le feu ?

– Non.

– Évidemment. Vu que tu n'étais pas là au déjeuner. L'affreuse vieille Jones nous a fait une annonce. Il y a eu un incendie au vieil entrepôt de Finchley. Le gardien de nuit est mort.

– C'est vrai ? L'incendie dont ils ont parlé aux infos ?

– Ouais. Je les ai vues aussi. Mais ils ont juste parlé d'un entrepôt de livres, sans rien préciser. Quoi qu'il en soit Jones a dit que ça devait être criminel parce que seules certaines parties ont brûlé – comme si le type avait juste arrosé d'essence les bouquins qu'il voulait cramer, et pas les autres.

– Qu'est-ce qui a brûlé, à part le gardien ?

– Beaucoup de magazines – pas les vrais, juste les trucs inutiles auto-édités. Pas les magazines de luxe, mais des trucs du genre *Prédictions* ou *L'Almanach Mensuel*. Je trouve que ça donne la chair de poule.

– Pourquoi ?

– Parce qu'il n'a fait disparaître que ce qui parlait de la bonne aventure et de ce genre de trucs. Des trucs de vieux.

– Ça a l'air un peu tiré par les cheveux.

– Non, mais c'est vrai. C'est le même malade que celui qui a fait tous les cambriolages chez les romanos, les Grecs et les autres. Tu n'en a pas entendu parler ?

– Non, je ne crois pas.

– La deuxième victime est morte brûlée à cause de ses manœuvres. Il est quelle heure ?

– Trois heures et demie. Pourquoi ?

– Dieu soit loué ! C'est l'heure d'une tasse de thé et d'une bonne clope. Tu peux rester là en attendant que Jones vienne me remplacer ?

– Pas de problème.

– Merci, M. le Dandy. A plus.

Trois clients plus tard, Mme Jones arriva au comptoir. Depuis qu'il travaillait là, elle faisait semblant d'ignorer le fait que Jamie en savait plus sur la littérature qu'elle n'en avait appris en trente ans de carrière. Elle s'installa à la place de Michelle et commença par bien ranger les stylos et les reçus de carte de crédit.

– Michelle est partie prendre le thé ? remarqua-t-elle d'un ton interrogatif.

– Oui. C'est quoi cette histoire à propos d'un incendie dans un entrepôt ?

– Oh. Évidemment, tu n'étais pas là au déjeuner ?

– Non.

– Eh bien, il s'agit de ce fou, le Cambrioleur-Astro comme ils l'appellent. Il est entré par effraction et a mis le feu à tous les livres et les magazines qui ne lui plaisaient pas. L'installation anti-incendie s'est mise en marche, mais pas avant qu'une petite fortune ne soit partie en fumée.

– C'est terrible.

– C'est criminel. Tout à fait criminel. Le pauvre gardien de nuit. M. Pratt était en train de dire – je reviens de son bureau, où j'ai récupéré les bons d'arrivage – que c'est un miracle que le feu ne se soit pas étendu. Il y a beaucoup de gens dans ce quartier. Quelle horrible façon de mourir ! Et tu sais quoi ?

– Non ?

– J'ai eu O'Leary au téléphone ce matin.

– Qui ?

– Mais si. O'Leary. Celui qui écrit dans l'*Express*. Il passe aussi à *Breakfast Time* parfois. Non ?

Elle était inquiète de l'ignorance de Jamie en matière de culture populaire.

– C'est un astrologue très connu, il lui arrive même de travailler pour la famille royale. Bref, il était au téléphone avec le siège social pour se plaindre du manque de sécurité de l'entrepôt.

– Quel rapport avec lui ?

– Il a écrit un article sur la Cuisine du Jugement Dernier pour *Prédictions* – un de nos magazines de cartomancie.

Le garçon hocha la tête. Il n'était pas complètement stupide.

– Oui, je connais.

– Le type du siège social s'est embrouillé. C'était épouvantable. Je n'ai pas retenu son nom, mais quand l'astrologue a voulu lui commander des livres, il me l'a passé !

– C'est affreusement gênant !

Jamie réprima un bâillement et regarda sa montre discrètement.

– Le pauvre homme !

Elle laissait supposer une certaine intimité avec la célébrité.

– Tu n'imagines pas que c'est la seconde fois qu'il a des ennuis avec ce maniaque ? Pas étonnant qu'il soit grincheux.

Soudain, elle prit son attitude suspicieuse.

– Tu vois celui-là ?

– Où ?

– A côté du présentoir pivotant. C'est le genre qu'il faut tenir à l'œil. Un grand manteau comme ça, à cette époque de l'année, déboutonné – c'est vraiment le genre de type à surveiller.

– Vous pensez que c'est un voleur ?

– Ne leur donne jamais le bénéfice du doute – c'est comme ça qu'on perd des articles de valeur. Monsieur ? Vous voulez que je vous les emballe ?

– S'il vous plaît.

Pendant que l'affreuse vieille Jones s'occupait du client, Jamie observa le suspect. Il était grand et mince. Il avait besoin d'un coup de rasoir. Sans ses chaussures, il aurait eu l'air d'un clochard. Il regardait droit devant lui. Un filou digne de ce nom n'aurait jamais eu l'air aussi méfiant ; il était tout simplement souffrant ou alors perdu. On attrapait souvent des femmes de Knightsbridge avec des objets volés dans les poches ; toujours des trucs futiles, comme un paquet de margarine qui prouvaient qu'elles ne faisaient ça que pour le frisson provoqué par le vol. Le loto de la femme riche.

Il s'assit en apercevant un vieil homme qui s'approchait du comptoir et se raidit en voyant que le suspect en faisait autant, l'air résolu. Coiffé au poteau, le vieil homme patienta derrière lui. L'homme aux belles chaussures était quasiment à bout de souffle. Il boitait légèrement.

– Il vous reste des exemplaires de l'*Almanach* à ce que je vois.

– Oui, Monsieur. C'est tout ce qui reste de celui du mois. Le reste du stock a brûlé dans l'incendie de Finchley.

Les magazines, au format de poche, se trouvaient près de la caisse.

– Je les prends tous.

– Tous ?

Jamie changea de ton, même les clients timbrés avaient toujours raison.

– Je vais vous les mettre dans un sac. Alors... Deux, quatre, six, huit, dix, douze, quatorze, seize, dix-huit, vingt, à ving pence pièce ; ça vous fait quatre livres tout rond, monsieur.

– Merci.

Jamie prit les billets et enregistra le montant dans la caisse. Le vieil homme s'avança.

– Vous ne les prenez pas tous, quand même ? gémit-il.

– Si pourquoi ? dit le timbré sans se retourner.

– Mais...

– Tenez, monsieur.

Jamie sentait qu'il allait y avoir une scène et donna le sac au client en espérant ne pas être impliqué. Le timbré s'en saisit et se dirigea en clopinant vers les escaliers. Le vieil homme était dans tous ses états, en colère même. Il suivit l'homme de près et osa finalement lui poser une main sur le bras pour l'arrêter.

– C'est monstrueux ! Il ne vous en faut qu'un et il n'en reste plus maintenant.

Quelques clients tournèrent la tête vers l'endroit d'où venait la voix fluette. Jones arrangea sa permanente.

– Qu'est-ce... ? demanda-t-elle.

– Poussez-vous de mon chemin. Il me les faut tous.

– Mais vous avez entendu le jeune homme, il n'y en a pas d'autres. Je me permets de vous...

– Allez au diable ! Laissez-moi tranquille !

Le timbré poussa le vieil homme de côté et courut en boitant jusqu'à l'escalier. Il avait mal calculé la force avec laquelle il avait poussé le vieil homme. Celui-ci tituba en arrière et heurta le présentoir tournant, qui s'écrasa par terre. Une femme émit un petit cri, tandis qu'une autre rattrapait le vieil homme pour l'empêcher de tomber à son tour.

– J'y vais.

Jamie prit l'initiative et abandonna Jones. En atteignant l'escalier, il entendit un cri perçant venant d'en bas. Il arriva juste à temps pour voir le timbré rouler au bas des marches et s'assommer contre le pied d'une grosse colonne de marbre. Il y eut un instant de silence suivi du murmure des clients qui s'approchaient de l'homme. Jamie vacilla en haut des escaliers, impuissant. Il continua à regarder pendant que quelqu'un criait.

– Non. Il est vivant. Mais... regardez !

Elle avait ouvert le manteau pour sentir si son cœur battait toujours et exhibait, triomphante, des poignées de livres qu'il avait fourrés dans une grande poche intérieure. Alors que la foule grossissait, deux agents de police, appelés dans la rue, arrivèrent. Ils fouillèrent ses poches pendant que les toubibs du magasin dépliaient une civière.

A côté de Jamie, le vieil homme observait le spectacle.

– Je me demandais, c'était bien vous, à l'instant, à la caisse ?

– Tout à fait.

– Pensez-vous qu'il me serait possible de racheter un de ses exemplaires de l'*Almanach* d'une manière ou d'une autre ?

Son sourire était à la limite du charmeur.

Mercredi Deux

Les paroles de Bronwen n'avaient pas vraiment remonté le moral de Seth. Le prochain pas ne serait jamais fait ; du coup, il faisait la queue pour le déjeuner en s'épanchant sur la manière hilarante dont Henry n'avait jamais réussi à reprendre *da capo*. Jemima s'approcha avec son sourire des grands jours.

– Filleul ?

– Salut.

– Comment ça va, avec la sonate de Brahms ?

– Pas mal. Pourquoi ?

– Seulement pas mal ?

– Merveilleusement, intervint Mère.

– Pourquoi ? répéta Seth.

– Je viens d'attaquer gentiment Peter à propos de ses flatteries envers les professionnels et de son dédain envers la génération montante. Et j'ai gagné. Je m'invite à dîner ce soir. Tu pourras me jouer Brahms et, si tu t'en sors mieux que « pas mal », tu viendras le jouer avant l'entracte à mon récital, demain.

– Oh, mais J… commença-t-il.

– Écoute, si tu es incapable d'accepter une faveur comme il faut, je vais demander à Sophie Pollock de venir réciter du Rupert Brooke.

Il rit.

– Bien, reprit-elle. Je savais que tu verrais la lumière. Il y a des fraises ? Vraiment ?

Sur ces paroles, elle rejoignit la file d'attente, sans prendre la peine de remonter jusqu'au bout.

Brahms envahit tout l'esprit de Seth. Il se retourna vers Mère avec un grand sourire alors qu'ils se dirigeaient vers le jardin.

– Eh bien, voilà qui a redonné un peu de couleurs à tes joues, dit-elle. Non, je t'assure, croix de bois, croix de fer, je n'y suis pour rien.

– Quelle horreur. Je ne l'ai même pas remerciée. J'étais trop content.

– Elle ne t'a pas encore entendu, tu sais. Elle peut encore décider que c'est juste « pas mal ».

– Sale monstre ! rétorqua-t-il. Sérieusement, tu crois que je suis prêt ?

– Ne me demande pas. Je ne suis que professeur, et même pas le tien, en plus. Moi, je trouve que tu la joues merveilleusement, mais tu es mon fils.

Une heure plus tard, il était assis, en train de s'accorder, quand Bronwen pénétra dans la nef, dépassant d'une tête et de deux épaules tous ses compagnons. Elle marchait lentement, comme pour se laisser distancer et, quand elle eut capté l'attention de Seth, lui fit un petit signe de tête pour lui faire comprendre qu'elle voulait lui parler. Il regarda de l'autre côté de l'orchestre et vit que Mère discutait avec un des violoncellistes derrière elle. Il se leva et retourna vers son étui à violon sous prétexte de remettre un peu d'arcanson sur son archet. Bronwen s'approcha brièvement et murmura :

– Il vient te voir ce soir. Il va venir tard, alors, pour l'amour du ciel, laisse une lumière à ta fenêtre et ne t'endors pas.

Elle continua vers les estrades et il ne put rien demander d'autre. La répétition passa très vite. Peter concentrait ses critiques vers le chœur, sans savoir que son premier violon était très loin, en train de se laisser découvrir, apprêté avec goût, dans la chambre sombre d'un phare. Sur le chemin du retour, Seth accepta sans peine de voyager à l'arrière de la Volvo pour continuer son rêve, pendant que Jemima demandait l'avis d'Evelyn sur divers sujets sans attendre sa réponse. Quand ils arrivèrent à *La Corveaurie*, Evelyn partit s'affairer dans la cuisine, alors que Seth et J allèrent dire un petit bonjour à Venetia – qui venait de finir de se préparer – et se retirèrent dans le salon de musique. J s'assit au vieux Steinway pour jouer ce qu'elle pouvait de l'accompagnement, mais s'arrêtait par moments pour se concentrer sur Seth. Elle était contente, émue, même. Les solos de Bach lui avaient donné une petite idée, mais elle était loin de se douter qu'il avait fait tant de progrès. Pendant la moussaka, arrosée d'un rouge bon marché mais réjouissant, elle s'en ouvrit.

– Attention, attention ! répondit Mère. Ne va pas lui monter la tête, non plus. Il lui reste encore beaucoup à apprendre, n'est-ce pas, Peake ?

– Oui, Maman.

– Quand commences-tu l'université ? lui demanda sa marraine.

– En septembre.

– Sais-tu que c'est là que je suis tombée amoureuse pour la première fois ? Un très beau gosse, très profond. Il était au RCM avec moi et sa sœur à la RADA[1], ils partageaient un minuscule apparte-

1 - RCM : Royal College of Music. RADA : Royal Academy of Dramatic Arts. Conservatoires britanniques de musique et d'arts dramatiques. NdT.

ment sous les combles vers Baker Street. Très romantique. Il était trompettiste et jouait en secret dans un orchestre de jazz. Terriblement sexy !

– Pourquoi en secret ?

– Il aurait perdu toute crédibilité, si ça s'était su. Il avait une double vie, en quelque sorte : directeur vaguement scolaire d'un ensemble médiéval le jour, et maître macho de la syncope brûlante la nuit.

– Comment as-tu fait pour garder son secret ? demanda Seth. Tu n'avais pas envie de le dire à tous tes amis ?

– Certainement pas ! fit Jemima l'air choqué. Moi aussi, j'avais une double vie. En ce temps-là, les jeunes filles de bonne famille ne faisaient pas ce genre de chose. En tout cas, elles n'en parlaient pas. J'imagine qu'on s'attendait à ce que nous restions bien sagement sur la touche, à penser à d'autres choses, des choses pures, jusqu'à ce qu'un garçon bestial survienne et nous prenne sauvagement par surprise ; le tout dans le cadre des liens sacrés du mariage, bien entendu.

– Qu'est-ce qui s'est passé pour toi, alors, Maman ?

– Je croyais que tu étais censée prendre en charge son éducation spirituelle, grogna Evelyn.

– Seulement si tu venais à disparaître, Dieu soit loué. Seth, tu ne devrais pas poser ce genre de question à ta mère. Je l'ai toujours soupçonnée de vraiment être une jeune fille de bonne famille.

– Encore de la salade, J ?

– J'ai lu l'autre jour, repris Seth, que les romans de Deirdre Comstock se vendent encore mieux dans les pays latins qu'ici ou aux États-Unis.

– Cette abominable créature avec sa coiffure blanche, tous ses cailloux et tous ses caniches ?

– Oui. Apparemment, son idéal sur les sexes (des femmes chastes et effacées, et des hommes un peu désinvoltes, mais pas trop) correspond à ce qu'ils veulent entendre.

– Ces imbéciles de cathos ! fit Jemima en se laissant aller au mépris. Je trouve cette femme dégoûtante. Et elle fait fortune avec ça, par dessus le marché. C'est bien une catholique, tiens.

– J'imagine, dit son amie d'école, qu'il y en a encore parmi eux pour croire juste cette notion absurde d'âge nubile. Franchement, imagine qu'on t'interdise de te marier avant vingt et un ans !

– C'est encore la règle en Italie ? demanda Jemima. Je croyais que ça ne se faisait plus qu'en Chine.

– Oui, enfin, je pense, répondit Evelyn. Alors, quand un homme hérite de la pauvre fille, il n'a que deux images de femme à l'esprit : la sainte qui l'a attendu tout ce temps et la grue à qui il a rendu visite dans l'intérim.

– Oh, des Bath Olivers [2], délicieux ! dit Jemima en se jetant dessus.

– A quel âge penses-tu que les filles puissent avoir des rapports sexuels, alors ? demanda Seth.

Evelyn fronça les sourcils un moment en regardant son assiette.

– Je pense, mentit-elle, que dans l'idéal, elles devraient pouvoir le faire dès qu'elles en ont envie ; à condition de réussir une sorte d'examen de connaissances générales sur la contraception.

– Et les parents ?

– Ce ne sont pas leurs oignons.

– Oui, dit J, mais il peuvent tabasser la pauvre gamine quand elle rentre. Excellent brie, chérie.

– Eh bien, si elle sait qu'ils ne vont pas apprécier, je suppose qu'elle a intérêt à tout faire pour qu'ils n'en sachent rien. Je veux dire, ce n'est pas la peine d'être trop honnête. Ce qu'ils ignorent ne peut pas leur faire de mal. Du moment qu'elle sait éviter de se retrouver en cloque.

– D'accord, mais pour les petits gays ? demanda soudain Jemima sans raison apparente.

Le cœur de son filleul fit un bond dans sa poitrine.

– Les quoi ? demanda Evelyn.

– Les gays, chérie. C'est le mot qu'on utilise maintenant pour dire homosexuel.

– Oh, j'aimerais tellement qu'ils aient choisi un autre mot ! continua Mère. C'était un de mes préférés.

– Mais on ne peut tout de même pas continuer à dire homosexuel, s'écria Jemima. C'est trop clinique. Ça fait un peu médecine parallèle. « L'Homéo-sexualité », un nouveau concept dans la façon de se soigner.

Seth renifla, Evelyn continua.

– Je ne sais pas. Je pensais qu'on leur avait terriblement facilité les choses. Est-ce que ce n'est pas devenu légal, maintenant ?

– Oui mais, ma chère, il n'y a que les lois qui ont changé, pas les attitudes, et puis seulement à partir de vingt et un ans ! Personnellement, je trouve que c'est inhumain.

---

2 - Sorte de crackers. NdT.

– Peut-être, avança Seth, qu'on a cru que s'ils attendaient d'avoir l'âge pour essayer, ils abandonneraient l'idée, comme le fait de forcer les jeunes Italiens à rester célibataires devait les inciter à rejoindre l'église.

– Tout ce que je vois, dit sa marraine, c'est que ça ne peut que les détraquer, les pauvres choux. Enfin, non seulement leur frustration les force à passer des heures dans les salles de gym et les discothèques pour évacuer toute leur énergie, mais ils doivent en plus passer les années les plus cruciales de leur développement émotionnel comme des crinimels. Des criminels, je veux dire. Il est fort, ton vin, Eve. Tu l'a eu à *Sainbury's* ?

– Non, *Marks & Spencer's*, en fait.

– Seth, imagine un peu, dit J. Après-demain, tu pourras épouser Sophie Pollock !

– Pas sans ma permission. Ce que je refuse tout de suite de lui donner.

– Oh, Maman, dis, je peux ? S'il te plaît ? plaisanta Seth.

Et puis il pensa à Bronwen et se sentit un peu triste. Evelyn se leva.

– Oui, dit-elle comme pour elle-même. C'est cruel. Très cruel. Mais c'est la loi, j'imagine. Quelqu'un veut du café ?

Et on changea de sujet.

Quand Mère regarda dans sa chambre avant de se coucher, Seth était assis à la table, près de la fenêtre, en train d'écrire son courrier. Elle ferma les rideaux pour lui et l'embrassa sur la tête.

– Ne veille pas trop tard. Demain, c'est un grand jour, jeune homme.

– Ne t'en fais pas. Mais je dois écrire à des copains de l'école.

Elle s'apprêta à partir.

– Maman ?

– Oui ?

– T'es une fille charmante !

– T'es un *wunderkind* !

– Bonne nuit.

– Dors bien.

Et elle était partie.

Il attendit qu'elle ait fermé sa porte et rouvrit les rideaux. Après avoir chiffonné les fausses lettres, il plaça la lampe tout contre la vitre. Et il attendit. Longtemps. Comme il était assis immobile depuis un moment, il avait l'impression qu'il faisait froid dans sa chambre. Il regardait, dans la fenêtre, son reflet rendu plus clair par l'intensité de la lumière et pinça ses lèvres, tout en faisant le vide dans sa bouche, pour faire ressortir des pommettes merveilleuses où il restait encore un peu d'adiposité enfantine. Des doigts de sa main gauche, il battait le rythme de la sonate de Brahms dans le cercle de lumière, sur la table. Puis il essaya de faire des bulles de salive. Il espérait qu'il sentait bon. Il se coupa les ongles. Il se nettoya les oreilles avec un coton-tige. Il s'assit et tritura une mèche de sa frange en commençant à relire *Rebecca*. Et puis il s'endormit.

Sa première pensée, en se réveillant, fut que quelqu'un venait de frapper à la porte. Dans un moment de terreur, il imagina Roly qui l'attendait, affreusement visible sur le palier, et courut ouvrir. Personne. Un autre caillou heurta la fenêtre. Il l'ouvrit et regarda en bas. Son homme désinvolte, mais pas trop, se tenait sur la route. Derrière lui, son destrier d'argent, un peu mille neuf cent trente, attendait sous la lune.

La nuit était douce et claire, et le toit de la MG était replié. Roly démarra en trombe dès que Seth fut assis.

– J'ai bien cru que tu ne viendrais pas.

– J'ai bien failli. Je me suis endormi.

– Je m'en doutais. Où allons-nous, monsieur ?

– Montre-moi ton phare.

– J'espérais que tu me dises ça. Il n'y a rien d'autre d'ouvert.

Seth rit. Il ne pouvait s'empêcher de se dire combien il aimait Bronwen et combien Jemima l'approuverait.

– Tu veux de la musique ?

– S'il te plaît... à moins que ce soit antisocial.

– On a dépassé la dernière maison, maintenant. Il n'y a que des vaches et des moutons, et ça ne va pas les déranger.

– Qu'est-ce que tu as ?

– Voyons... Il y a *You, the Night and the Music* à la radio, sinon j'ai une cassette de Wagner.

– *Tristan* ?

– Comment tu as deviné ?

Roly introduisit la cassette dans l'appareil flambant neuf et Brangaene se mit à chanter de sa tourelle, pendant que les amants s'abandonnaient sans contraintes à leur ardeur, sous la charmille en contrebas. Seth gémit de plaisir et s'enfonça dans son siège, le vent dans les cheveux. La lumière violette du tableau de bord éclairait le large sourire du conducteur.

– Ne me dis pas que c'est ton morceau préféré, demanda Roly par-dessus le bruit de la musique et du moteur.

– Bah...

– Pas très subtil, mais tu peux encore faire des progrès.

– Sale monstre arrogant ! Tu étais où, ces derniers jours ?

– Tu étais où, toute ma vie ?

– Oh, je dormais, je prenais de l'âge, ce genre de chose.

– Garnement !

– D'accord, d'accord, j'avoue que j'ai attendu un moment comme celui-ci toute ma vie.

– Vraiment ?

– Je n'y peux rien si tu es un de mes clichés.

– Ces deux derniers jours, j'ai tout fait pour ne pas poser les yeux sur toi. J'ai travaillé la nuit pour éviter les répétitions.

– Mais pourquoi ?

– Tu sais bien pourquoi, Lolita. Ne cherche pas les compliments, ça fait terriblement Harrow[3].

– Ce n'est pas ce que je fais.

– Et puis Bronwen est venue roder autour du phare, hier soir, ronde comme une queue de pelle (elle m'a raconté qu'elle avait emmené sa flasque au cas où il ferait frisquet sur les falaises). Avant de comater sur mon sofa, elle m'a fait tout un cours sur *Carpe Diem*.

– Sur quoi ?

– Vivre la vie ici et maintenant, parce qu'elle peut s'arrêter soudainement. Elle m'a dit que la jeunesse d'aujourd'hui avait trop de respect pour l'autorité et que l'essence du génie, qu'il soit artistique, philosophique ou mécanique, c'était un manque de foi total en tout ce qui dépassait les impulsions personnelles. Et puis elle s'est écroulée. Ah oui, et nous avons un peu parlé de toi, aussi. C'est pour ça que je suis là.

Brangaene cria et les chasseurs de Mark arrivèrent.

– Oh, je déteste ce passage, dit Seth brusquement. Tout va de travers et je déteste ça. Je peux arrêter ?

Il appuya sur le bouton et la cassette s'éjecta. Aussitôt, la radio enchaîna sur une chanteuse noire qui interprétait *Stormy Weather*.

– Beaucoup mieux, dit-il en se renfonçant dans le siège.

Ils quittèrent la route pour s'engager sur un chemin de campagne bosselé.

– Regarde, dit Roly.

Seth obéit et vit le phare. La lune éclairait bien la campagne. Seth vit que le chemin menait à une sorte de garde-corps, au bord de la falaise. Sur les rochers, de l'autre côté, se dressait la tour de son amant. Roly se gara. En sortant, Seth remarqua que le pré se trouvait au bout d'une péninsule. Les lumières de Penfasser bril-

3 - Célèbre *public school*, dont sortit entre autres Winston Churchill. NdT.

laient au loin, sur la gauche. Saint Jacobs se blottissait dans le noir, quelque part à mi-distance.

– Pourquoi est-ce que je n'ai jamais vu ça avant ? demanda-t-il.

– Sûrement parce que l'endroit est mal choisi, mais aussi parce que le sentier s'arrête bien avant d'arriver ici. Ce n'était pas prudent de la part de Bronwen. En plus, elle a traversé une propriété privée. Sur environ deux kilomètres, ce sont les terres de Trenellion, et il y a des éboulements tous les ans. C'est dangereux, la nuit.

– Je connais le sentier qui passe par l'église, mais seulement dans l'autre sens, vers Pendarth Point. Non, passe en premier, comme ça je verrai où tu marches.

Seth suivit Roly à travers les rochers, vers le phare.

– Pourquoi est-ce qu'il ne marche plus ?

– On n'en a plus besoin. Il n'y a plus beaucoup de trafic, par ici. Juste quelques pêcheurs, et ils connaissent le coin. Et plus au large, on utilise des bouées et des cloches. De toute manière, par mauvais temps, il y a un bateau-phare qui sort. Je crois que c'était une petite fantaisie de ma famille.

– Un peu comme mettre un lampadaire dans son jardin.

Mais Roly était trop occupé à ouvrir la serrure.

– Faut pas que tu restes trop longtemps, dit-il. Tu dois rentrer dormir avant ton grand jour.

Les espoirs de Seth s'écroulaient.

– Les nouvelles vont vite.

– Oui. Peter Grenfell est venu dîner à Trenellion, ce soir. C'est de là que je viens. Il a mentionné qu'il y aurait un « léger changement » dans le programme de la première soirée.

– Tu viendras ?

– Tu seras bon ?

– Tu me le diras après.

Il y avait un espace, au pied de l'escalier, rempli d'une masse de cageots, de manteaux, de cirés et de toutes sortes d'objets maritimes. Il y avait aussi une forte odeur de paraffine.

– C'est le hall, dit Roly. Il est inondé par la mer à peu près quinze fois chaque hiver. Je dois le blanchir à la chaux pour eux, avant de partir.

– J'adorerais séjourner ici vers la mi-janvier.

– Tu es fou !

– Non, j'adore le tonnerre et la pluie, du moment que je suis bien à l'abri. Il n'y a personne, ici, en hiver ?

– Non. Jane et Lachlan déménagent tout le bazar du hall vers les étages, pour le protéger de l'eau, et puis ils condamnent la porte avec des planches. Les vagues la malmènent pas mal, même si elle est du côté terre.

– Oh, ce serait merveilleux. On pourrait rester au lit et se croire en plein milieu de l'Atlantique, mais sans danger d'être malade.

– C'est bien ce que je disais. Tu es complètement fou.

Après un dernier arc, dans l'escalier, il arrivèrent dans une salle étonnamment spacieuse. Malgré le confort que représentaient un sofa, un lit, une cuisinière, quelques livres et quelques cartes, l'impression générale restait d'une incongruité plaisante.

– Désolé pour le bazar. Même gays, les célibataires peuvent être désordonnés.

Roly remonta vivement les couvertures sur le lit.

– Pas de problème, murmura vaguement Seth. Bon Dieu, tu as une de ces vues !

– Pas mal, hein ? C'est Lachlan qui a percé cette fenêtre. Avant, il n'y avait qu'un horrible hublot qui rendait la pièce étouffante. Évidemment, en hiver, ils doivent mettre un volet. Les vagues montent jusque là.

– Tu crois qu'elles pourraient casser un verre aussi épais ?

Seth admirait la lumière de la lune sur la mer.

– Pas toutes seules, sans doute, mais parfois, elles projettent des morceaux de bois ou des galets. Et puis, j'imagine que le sel pourrait finir par ronger le cadre, aussi.

– Je veux venir ici, un hiver. Bronwen dit qu'elle aussi doit protéger toutes ses fenêtres. Apparemment, il y a même des ardoises qui sont arrachées. Elle dit que c'est comme le Blitz.

Seth s'entendait jacasser. Il aurait voulu pouvoir trouver la force de se taire. Pendant que Roly rassemblait sa vaisselle dans l'évier et s'activait à faire un vague ménage, il s'assit sur le sofa. Il était encombré de vêtements. Un vieux cardigan épais reposait sur le dossier, juste à côté de son épaule. Pendant que son hôte lui tournait le dos, il s'enfonça dans le sofa et inspira longuement et voluptueusement son odeur.

– Je suis désolé, il fait vraiment froid, ici. Comme on donne sur la mer et qu'il n'y a qu'une fenêtre, ça ne se réchauffe jamais vraiment. Je vais allumer le chauffage.

Il se retourna pour aller vers le poêle à paraffine, à côté du sofa.

– Non, franchement, ça va, mentit Seth.

Roly se pencha pour toucher ses mains sur ses genoux. Le mouvement fut vif, comme celui d'un médecin, et Seth n'eut pas le temps de réagir.

– Menteur, dit-il. Tu meurs de froid.

Il s'accroupit, ouvrit la petite porte et alluma la mèche.

– C'est ça l'odeur que j'ai sentie en arrivant. J'adore. On avait un poêle comme ça dans la salle de bains, pour l'hiver.

– Tu te levais pour aller à l'école et il faisait encore nuit ?

– Oui, c'est ça.

Seth sourit : ils avaient un souvenir commun.

– Mets-nous de la musique. C'est derrière toi. Tu veux un brandy ? C'est tout ce que j'ai, je crois.

– S'il te plaît, oui.

Seth se pencha par-dessus l'accoudoir et parcourut les disques.

– Ils sont tous à toi ?

– Ouais. Ça te surprend ?

– Non. Désolé. C'est juste que…

– Tu ne pensais pas que je m'intéressais à la musique. En fait, pas vraiment. Enfin, j'aime bien écouter de la musique, mais je suis bien incapable d'en parler.

– Un artiste instinctif, dit Seth en mettant un concerto pour piano de Saint-Saëns.

– C'est ça. Colle-moi des étiquettes. Inculte musclé qui rencontre le génie par hasard.

Seth rit, puis s'arrêta parce que la musique qui commençait n'était pas la bonne. C'était la mauvaise face. Les haut-parleurs puissants, seuls rescapés du désordre général, diffusaient les surprenants accords jazzy du concerto en sol majeur de Ravel.

– Oh, désolé, mauvaise face, dit Seth.

– C'est ce que j'allais dire : pas très nocturne. Mais laisse-le…

Seth s'apprêtait à relever le bras de lecture.

– …Tu n'as qu'à passer directement au mouvement lent.

– Qui est-ce qui joue les clichés, maintenant ?

Il rit.

– Mais c'est bien. Ça marche. Tiens…

Il lui tendit son brandy dans ce qui ressemblait à un verre à moutarde. Duralex. Un verre d'école.

– …J'imagine que tu veux voir le studio.

– Oh oui, s'il te plaît. Enfin, si ça ne te dérange pas.

– Je ne suis pas si prétentieux que ça. Un morceau de pierre reste un morceau de pierre. Non, on va monter, de toute façon. C'est plus confortable.

Seth ne connaissait rien de plus confortable que d'être assis dans le linge sale de l'être aimé, mais il se leva et pris une petite gorgée de brandy. Il eut aussitôt les larmes aux yeux. La seule fois qu'il avait goûté à cet alcool, c'était sur un pudding de Noël. Roly attrapa la poignée du poêle et se dirigea vers l'escalier, ne s'arrêtant que pour appuyer sur un bouton de la chaîne stéréo. Aussitôt la musique passa à l'étage devant eux. Impressionné comme il se doit, Seth suivit.

Au lieu d'un passage étroit autour d'un groupe de lampes rotatives, il eut la surprise de découvrir une autre salle circulaire, presque aussi grande que celle qu'ils venaient de quitter. Tout le mécanisme luminaire avait été retiré. On avait refait le sol, qui était recouvert de tapis ; du style Indien, avec de larges bandes de couleurs. Le plafond était un dôme de métal qui reposait sur des poutres de bois et un mur de verre et de métal sur toute la circonférence. Il y avait deux vieux fauteuils sans forme, du genre où on s'enfonce. Roly se précipita pour cacher quelque chose sous l'un d'eux dès qu'il entra.

– C'est incroyable ! s'exclama Seth en longeant la baie vitrée. Comment ont-ils fait pour sortir les lumières ?

– Apparemment, ça n'a pas été facile. Ils ont dû pratiquement reconstruire toute la partie supérieure. On en a même beaucoup parlé dans je ne sais plus quel magazine d'architecture.

Il s'affala dans un des fauteuils et observa Seth avec amusement alors qu'il s'approchait de la table sur tréteaux où trônaient ses œuvres terminées et celles sur lesquelles il travaillait encore.

Chaque sculpture était petite – pas plus de trente centimètres de haut. Taillée dans une pierre blanche et lisse, mouchetée de petits fossiles et de coquillages, chacune reflétait une forme humaine tout en conservant une allure générale totalement abstraite.

– Roly, elles sont superbes. Je peux en prendre une dans les mains ?... Je ferai attention.

– Vas-y. Elles sont faites pour ça.

Seth en pris une délicatement. Elle ressemblait à un minuscule rideau façonné en pierre, du moins, elle avait de douces ondulations dans sa forme, comme les plis d'une toile suspendue. A un endroit, cependant, les plis étaient déformés par ce qui aurait pu être une partie de visage humain qui s'appuyait par derrière. Seth caressa la surface. Il tourna l'œuvre dans ses mains pour regarder l'autre côté, mais là où il s'attendait à voir l'arrière de la tête, il ne trouva que l'image en creux des replis de l'avant. Il sourit, comme s'il venait de se faire surprendre par un tour de magie.

– Qu'est-ce qu'il y a ? demanda Roly.

– C'est comme un fantôme.

– Bien vu...

Roly avait l'air agréablement surpris.

– …C'est une œuvre fantôme. La plupart le sont. C'était une idée de Bronwen. Elle est venue avec moi passer la journée à Portland pour chercher la pierre – elle voulait ramasser des fossiles sous les falaises – et au retour, elle m'a raconté que les roches fossiles étaient spéciales parce qu'elles avaient une mémoire. J'y ai réfléchi, quand j'ai commencé à m'exercer sur cette matière, pour voir ce que je pouvais en faire. Le premier jour, elle s'est très mal comportée, elle n'arrêtait pas de se briser à cause des coquillages et des ammonites. Et puis je me suis souvenu de photos que j'avais vues sur les fouilles, à Pompéi et à Herculanum. Tu sais ? Là où on a trouvé des corps entiers prisonniers de la poussière et transformés en sculptures vivantes. J'ai pensé que je… enfin…

Il eut un petit rire timide.

– …J'ai pensé que je pouvais faire resurgir la mémoire de chaque pierre.

– Il n'y a pas de quoi se moquer, répondit Seth en reposant la sculpture et parcourant les autres du regard. C'est une idée forte.

Il se retourna et imita le ton réticent de Roly.

– Ça marche…

Il rejoignit l'autre fauteuil et s'y assit avec un soupir joyeux.

– J'imagine, dit Roly en reprenant une gorgée de brandy.

Il aurait aimé que le prochain pas soit plus facile à faire.

Seth écoutait Ravel. Le mouvement lent et sa naïveté feinte allaient bientôt prendre fin. Il allait devoir faire quelque chose avant que le final ne commence et ne rappelle à Roly qu'il devait le reconduire chez lui. Il prit une lampée de brandy et son visage se crispa jusqu'à ce que la sensation de brûlure se diffuse dans toute sa poitrine, puis il quitta son siège, les yeux baissés, et vint s'asseoir aux pieds de Roly.

– Tu es mieux placé par rapport aux haut-parleurs. Je ne voudrais pas entendre un final bancal.

Reconnaissant pour cette demi-vérité, Roly écarta les genoux pour faire de la place à ses épaules. A l'abri de son regard et de son sourire, Seth put se détendre. Il inclina la tête vers la gauche pour la poser sur sa jambe, se délectant à la fois de la chaleur de l'ivresse, de l'ivresse de la musique et de la musique de ces jeans usés et légèrement poussiéreux. Quand Roly lui passa la main dans les cheveux, il pencha la tête en arrière entre ses cuisses et lui lança un sourire.

– Bonjour, dit-il.

– Salut.

Roly se baissa pour l'embrasser doucement sur le haut du front, où le duvet se mêlait à l'orée de ses boucles. Il aurait voulu se retenir, se redresser aussitôt, mais Seth leva rapidement le bras pour placer, doucement mais fermement, ses doigts sur sa nuque. Roly l'effleura encore des lèvres, cette fois sur les sourcils. Son haleine avait une odeur de brandy. Seth posa son verre et se retourna pour se mettre à genoux, prit la tête de Roly dans ses mains et la tira vers lui jusqu'à ce que leurs bouches se rejoignent. Ils s'embrassèrent, d'abord hésitants, puis plus sauvagement à mesure que Seth resserrait son étreinte sur la nuque de son amant et l'obligeait à se lever.

La musique les accompagnait vivement, bien trop enjouée en regard d'une solennité si intense. Pour la première fois de sa vie, Seth embrassait quelqu'un sans avoir à guetter du coin de l'œil l'arrivée d'un autre élève, ou se demander d'où viendrait le prochain souffle. Le concerto s'acheva en un grand fracas qui laissa la place au bruit de la mer et au choc rythmé du saphir contre l'étiquette du disque. Ils n'y prêtèrent aucune attention. Seth était maintenant allongé sur le tapis, serrant Roly contre lui, les yeux fermés par l'ardeur des sensations. Il gémit doucement quand le sculpteur fit remonter ses baisers le long de sa mâchoire jusqu'au lobe de son oreille.

Soudain, le verre de Roly tomba de son perchoir, sur l'accoudoir, et se brisa sur le parquet découvert, juste à côté de sa tête. Il couvrit aussitôt de sa main le visage de Seth pour le protéger des éclats. Puis il se releva en riant. Seth lui sourit pendant qu'il retirait les morceaux de verre de ses cheveux éclaboussés.

– Le monde veut faire intrusion, dit-il calmement.

Roly se leva pour jeter le verre brisé dans une corbeille, près de la table. Seth se redressa contre le fauteuil et regarda l'anneau de feu, dans le poêle.

– Oh merde !

– Quoi ?

– Regarde, il est deux heures et demie. Et tu dois te lever au pet des moineaux.

– Au quoi ? demanda Seth en riant.

– Très tôt. Il faut que je te ramène. Je ne veux pas être responsable si tu joues mal, demain.

– J'imagine.

– Mais je veux te revoir. Pourquoi pas demain ? Je viendrai au concert et on pourra discuter après.

Il éteignit le poêle et commença à descendre, comme pour échapper rapidement à la tentation.

– On pourra même discuter plus tôt : je joue juste avant l'entracte.

Seth attendit dans l'encadrement de la porte en observant Roly éteindre la chaîne et prendre son blouson.

– Tu n'avais pas de manteau ?

– Non. Rien que mon pull.

– Mets ça.

Seth prit le cardigan et l'enfila. Il était immense et usé.

– Ça va mieux ? demanda Roly en souriant.

– Il sent bon.

Et ils s'embrassèrent une dernière fois devant la porte avant de descendre sur les rocher et de rejoindre la voiture.

Au lit, Evelyn avait en vain essayé de lire. Son attention dérivait toujours vers la conversation du dîner et la manière dont Jemima s'était moquée de son pharisaïsme. Elle n'aimait pas que les gens de son âge mentionnent l'amour et le mariage, parce qu'elle savait qu'ils la regardaient tous en se demandant comment on pouvait vivre en n'ayant couché qu'avec son mari. Le mariage, c'était une chose, mais l'amour... comme elle ruminait, triste et mal à l'aise, les *Mémoires* de Berlioz tombèrent dans son giron et le spectre de Camilla Blair s'éleva devant elle encore une fois.

Camilla avait été une adolescente morose. Son dos était droit comme un bouleau, ses bras étaient longs et gracieux et ses cheveux sombres et brillants comme un piano de concert. On les avait envoyées faire du cheval parce qu'elles étaient toutes les deux trop grandes pour jouer au hockey sur gazon. Elles s'étaient juré fidélité jusqu'à la mort, allongées dans les bois à lire Browning et Catulle, ou agenouillées devant l'autel pour leur Confirmation. Ensemble, elles avaient connu l'âcreté de la passion secrète. Elles avaient juré de toujours protéger le vaisseau de leur esprit de toute profanation masculine avec toute la sauvagerie nécessaire, mais leurs rêves n'avaient jamais dépassé les limites de l'école. Quand elles la quittèrent, Camilla partit en coopération au Soudan. Il y avait eu un thé d'adieu chez *Fortnum* et une poignée de lettres enthousiastes, et puis un silence douloureux. Finalement, après des mois d'attente, il y avait eu ce message tendu du commandant Blair, dans un village près de Lowestoft, qui expliquait dans un langage austère que Camilla était morte de quelque fièvre dans un dispensaire, que les funérailles s'étaient déroulées dans la plus stricte intimité, mais qu'en tant qu'amie proche, Miss Davenham était cordialement invitée à participer à la messe qui serait donnée en mémoire de sa fille, le samedi suivant. Miss Davenham n'avait jamais trouvé le courage de s'y rendre. Bien sûr, elle savait qu'elle n'était pas... enfin, ce genre de femme ; elle avait consacré de longues réflexions à ce sujet et en avait conclu que Camilla était une exception à la règle.

Comme elle essayait à nouveau de lire les démêlés de Berlioz avec le ministère de l'Intérieur, elle pensa à Huw, dans l'atmosphère clinique d'une bibliothèque viennoise, et fut perturbée, une fois de plus, à l'idée que la seule personne pour qui elle ait ressenti une passion qui ne relevait pas du devoir repose sous un massif de roses dans un cimetière du Suffolk.

Le plancher du palier craqua et Venetia entra. Dans sa précipitation, elle avait oublié de mettre sa robe de chambre et son T-shirt, qui avait été ample, collait stupidement aux contours gonflés de son abdomen. Evelyn fut choquée – sa fille était encore plus grosse qu'elle ne l'avait imaginé. Venetia avait l'air agité.

– Maman ?

– Tout va bien, ma chérie ?

– C'est Seth.

– Qu'est-ce qui lui arrive ?

Aussitôt, le livre fut abandonné.

– J'ai été réveillée par un bruit. Je suis restée allongée un moment avant de comprendre que quelqu'un jetait des pierres contre la maison. Alors, je suis allée à la fenêtre et j'ai vu ce garçon ; tu sais, le blond qui était à la soirée, celui qui a discuté avec Seth pendant des heures. Il lançait des cailloux vers la fenêtre de Seth et, juste après, j'ai entendu Seth le rejoindre discrètement. Et puis ils sont partis dans sa voiture de sport.

– Tu m'en diras tant ! rit Evelyn.

– Ça ne t'inquiète pas un peu ? Enfin, il est plus de minuit.

– Non, ma chérie, ce n'est pas grave. Ils seront allés se promener en voiture sur la côte. C'était sans doute prévu, et ils doivent trouver ça horriblement excitant, et nous ne sommes pas censées savoir. Ne le laisse pas voir que tu es au courant.

– Mais...

– Je t'assure, il n'est pas en danger. Roland est un gentil garçon, après tout, un sculpteur. Terriblement talentueux. J'imagine qu'il veut faire plaisir à Seth, lui donner un petit sens de l'aventure. Tu connais les garçons.

Jusqu'à ce que Venetia voie Seth se faire enlever par ce jeune homme à la beauté pompeuse, elle n'avait jamais sérieusement considéré que son frère puisse en être. On, n'imagine jamais que ce genre de chose puisse arriver dans la famille ; un peu comme les cambriolages ou le spina-bifida chez un bébé. Évidemment, elles connaissait beaucoup de créatures de ce genre. Un des éléments qui faisaient de sa clique un groupe branché, c'était qu'ils étaient amis avec des homos. (Benji était d'ailleurs un de ses amis les plus proches.) Néanmoins, personne n'aimait vraiment les imaginer en *action* ; on se contentait d'accepter leur *état*. Ce qu'elle appréciait particulièrement, c'est qu'ils ne tentaient jamais quoi que ce soit, avec elle ; ils avaient tendance à ne rien faire avec personne. Ou du moins, ils n'en parlaient pas. Des hommes comme Barnes avaient tous les avantages d'un amant sans les aspects sordides. Elle honnissait le qualificatif de « fille à pédés », qui suggérait que l'arrangement n'était pas mutuel et plaçait celle qui le portait dans la même catégorie que ces tantes célibataires qui rendent toujours service. Elle ne deviendrait peut-être pas vieille fille, mais il semblait maintenant improbable qu'elle devienne un jour tante. Peut-être qu'il était encore temps de faire l'éducation de Seth, après tout. Mais elle se rappela qu'il avait disparu dans la nuit avec un autre homme, et que ce n'était pas comme Benji, qui s'était contenté d'être surpris dans une de ses robes de bal. Un jour, un de ses pédés familiers l'avait forcée à considérer les choses du sexe avec des détails trop salaces ; il était tombé en disgrâce, passant aussitôt de « sensible » à « plutôt commun ». Aligner les principes de la chasteté sur ceux des bonnes manières pouvait éviter toute une série d'éraflures en société. Abasourdie par sa découverte, elle s'était donc précipitée au chevet de sa mère, mais se retrouvait à présent dans le rôle peu enviable de la trouble-fête trop curieuse. Maman s'avérait bien plus Victorienne que d'habitude. Venetia tenta de pénétrer le bombasin moral.

– Tu ne m'aurais jamais laissé partir en voiture en pleine nuit avec des jeunes gens séduisants, quand j'avais son âge, lança-t-elle.

– Peut-être, mais... dans mon ignorance d'alors, je t'aurais soupçonnée de chercher autre chose, en leur compagnie, qu'une promenade sous les étoiles au bord de la mer.

– Et qu'est-ce qui te fait dire qu'il ne se passe rien d'autre, pendant leur petite balade ?

– Quoi ? Oh, Venetia, *voyons* ! Ce n'est qu'une gentille escapade.

Sa fille abandonna sa tentative et retourna se coucher.

Evelyn remit Berlioz sur la table de nuit, éteignit la lumière et s'inquiéta à mourir. Finalement, après s'être débattue avec sa conscience, et Camilla, elle décida qu'elle n'aborderait pas le sujet à moins que son fils ne l'y force ou si – Dieu tout puissant l'en préserve – quelque preuve concrète venait à surgir.

Elle dormit par intermittence, puis fut réveillée en sursaut par un horrible bruit. Elle ralluma la lumière et vit qu'il était exactement deux heures. Ce qui avait commencé comme un cri, et ressemblait maintenant à un rire hystérique, venait de la chambre de Venetia. Elle se leva précipitamment et courut vers le palier. Elle tremblait. Rester ainsi, debout dans le noir, avec le rire désemparé de sa fille, avait quelque chose de déconcertant. Avec en tête toutes les années où elle l'avait rassurée après ses cauchemars, à Hampstead, elle ouvrit la porte de sa chambre.

Ce qui la frappa aussitôt fut la forte odeur de rose. Elle était presque enivrante ; comme celle d'une boutique de fleuriste surchauffée.

– Ma chérie, qu'est-ce… ? commença-t-elle.

Elle alluma la lumière et perdit sa voix. Venetia était allongée sur son lit, les couvertures poussées sur le côté. Elle était toute nue ; son T-shirt gisait sur le sol. Son visage était trempé de larmes, ses yeux hilares. Ses mains serraient son ventre qui, dans les secondes qui suivirent l'entrée d'Evelyn, semblait en être au terme de ce qui avait dû être un long dégonflement. Il n'y avait pas de sang, apparemment aucune douleur, rien que ce rire et la douce odeur inexplicable des roses.

Bouleversée, Evelyn éteignit vite la lumière, referma la porte et s'appuya un instant contre le mur du palier. Elle regarda l'obscurité derrière la rampe jusqu'à ce que son cœur arrête de galoper. Alors, avec l'humilité assurée de quelqu'un qui vient de recevoir un sursis dans le rôle d'une Sainte Anne moderne, elle se retira dans ses quartiers et tomba à genoux, en larmes.

Jeudi Un

McEnery releva le nez de son bureau à l'entrée de Mo dans le commissariat.

– Bonjour, Chef, dit-elle, désolée de vous avoir tirée de votre lit de malade.

– C'est pas grave, dit Mo, juste un microbe qui m'a donné mal au ventre. Ça ou le gâteau de ma mère. J'ai à peine fermé l'œil de la nuit. Mais ça va mieux. Comment va notre ami ?

– Il a repris connaissance hier soir. Les médecins lui ont fait dix points de suture. Il n'a pas de fracture, ce qui est vraiment stupéfiant. Ils n'ont pas eu à le garder une nuit de plus, même s'il semble souffrir d'une légère amnésie. Ils l'ont amené ici après le déjeuner. Il est dans la cinq.

– Quel genre d'amnésie ?

– Il ne se souvient ni de son nom, ni de son adresse, ni de sa famille.

– Commode pour eux.

– Le docteur Stuart a dit que c'était une sorte de compensation – qu'il se protégeait peut-être du choc.

– Est-ce que Timson ou quelqu'un d'autre l'a interrogé ?

– Non, personne. Il dort, mais, quand je lui ai amené du thé il y a une heure, il allait mieux et je me suis dit que je ferais mieux de vous appeler pour que vous soyez la première à lui parler.

– Brave fille. Je vais aller le voir maintenant.

– C'est un peu embarrassant, quelque part.

– Quoi ?

– Je sais pas trop. La façon dont tout ça s'est passé, avec la chance qui a joué en notre faveur.

– Aucune importance. (L'attitude de Mo s'était durcie.) Nous l'avons eu – c'est le principal.

McEnery leva les sourcils et lui passa les clés, accrochées sous le bureau.

– Oh, au fait, dit-elle, une lettre est arrivée pour vous ce matin.

Elle lui tendit l'enveloppe. Mo s'en saisit, s'éloigna un peu et l'ouvrit. Elle reconnut immédiatement l'écriture inégale.

De : - Le Squat, Pollock House, 123 Jackson Road, Londres NW1 (derrière les voies de garage et de triages de Marylebone). Excuse-moi pour mon départ précipité et mon méchant mot. Je suis vraiment désolée. Viens me dire que tu me pardonnes, ce soir (jeudi) vers dix heures. Ta Sœur dévouée.

Au dos était inscrit : *Joyeux anniversaire – avec un peu de retard.*

Sentant le sang lui monter à la tête, Mo plia la lettre aussi vite qu'elle l'avait ouverte et, l'enfonçant dans sa poche,descendit au sous-sol. Elle entra dans le couloir du secteur de détention et s'appuya contre le mur frais pendant quelques secondes pour contrôler sa respiration. Le lieu eut vite fait d'effacer son sourire.

Le secteur de détention avait été récemment remis à neuf et était aussi propre et impersonnel qu'un hôpital. Les cellules la dérangeaient. Elles avaient quelque chose de sinistre dans la façon dont elles étaient équipées – lit, lumière, W-C et lavabo – et en même temps prévues pour la « sécurité » du prisonnier comme du gardien. Les toilettes étaient sans siège, leur réservoir se trouvait dans le mur et la chasse était automatique. Le radiateur, lui aussi automatique, était enfermé sous le lit encastré. La table et la chaise étaient fixées au sol. L'éclairage était encastré dans le plafond et se contrôlait de l'extérieur. La première fois que Mo était entrée dans une de ces nouvelles cellules, elle lui avait immédiatement fait penser à une histoire qu'elle avait lue enfant, dans laquelle un garçon avait grimpé sur la cuvette du lavabo, devant le miroir, et avait découvert un monde quasiment identique au sien, où seuls les détails changeaient, de façon inquiétante.

Mo s'arrêta devant la cinquième porte, appuya sur un bouton et parla dans une grille fixée au mur quand une lumière verte s'alluma.

– Barry ? Ouais, j'entre dans la cinq. Si je ne suis pas sortie dans dix minutes, viens me chercher, merci.

Elle déverrouilla la porte et entra.

Il était allongé sur le lit et fixait le plafond. Les médecins lui avaient rasé le crâne et le visage, afin de pouvoir lui faire les points de suture. Il tourna la tête vers elle et la fixa quand elle s'assit.

– Bonjour, dit-elle, je suis l'inspecteur Faithe. Comment va votre tête ?

– Comment voulez-vous que je vous le dise sans miroir ?

La voix semblait cultivée, comme elle s'y attendait ; mais aussi éteinte et fatiguée.

– Comment vous sentez-vous ?

– A votre avis ?

– Vous marquez un point. Je suis patraque aussi, donc je ne vous embêterai pas longtemps. Juste quelques questions. Que pouvez-vous me dire sur Marina Stazinopolos, Papas Mercouri, Katia Garcia, Seamus O'Leary et Millicent Du Cann ?

Il s'assit et la regarda fixement.

– En dehors du fait qu'ils sont tous catholiques, ce sont des escrocs. Enfin, Du Cann l'était, vu qu'elle est morte.

– Qu'est-ce que vous voulez dire par « escrocs » ?

– Ils se sont enrichis en prédisant l'avenir, la plus vieille arnaque de l'histoire de l'humanité.

– Vous n'y croyez pas ?

– Correct.

– Vous êtes un homme sensé. Mais alors pourquoi vous être introduit chez ces gens et avoir volé ou détruit des papiers en rapport avec leur travail ?

– Certainement pas parce que j'y croyais.

– Vous admettez donc avoir commis chacun de ces cambriolages ?

– Ce serait mentir que de dire le contraire.

– Seriez-vous prêt à reconnaître chaque inculpation de vol devant la Cour ?

– Évidemment.

– Que savez-vous des entrepôts de Sandridge Road, à Finchley ?

– J'ai provoqué un incendie criminel dans l'un d'entre eux il y a deux jours, si je me souviens bien, ce qui a causé une mort accidentelle.

– Pourquoi n'avez-vous pas encore demandé à un avocat de venir ?

– Parce que mon cas est proprement indéfendable.

– Êtes-vous entré chez ces gens parce que vous aviez de la rancune contre eux ? Parce que vous les considériez comme des escrocs et que vous désapprouviez ?

– Je les désapprouvais, mais mes actes n'ont jamais été souillés de malveillance ou de jugement moral.

Il grimaça légèrement et passa la main sur son cuir chevelu ravagé.

– Ça va aller ou vous préférez que je revienne plus tard ?

– Non. Ce n'est rien. Je vous épargnerai les détails de mon travail. L'important est que je suis, enfin étais, un universitaire dont les travaux se situent quelque part entre la théologie et l'histoire.

En faisant des recherches pour mon prochain livre – des recherches qui ont commencé, si je me souviens bien, il y a cinq ou six mois – j'ai fait une découverte inquiétante. Qui vous semblera probablement peu plausible. Comme à moi à l'époque…

Il s'arrêta soudain.

– Continuez.

– Je ne vois pas l'intérêt de vous raconter tout ça. J'ai reconnu être coupable. De plus amples détails seraient hors de propos.

– L'interrogatoire est terminé. C'est par curiosité personnelle que je continue. Vous avez éveillé mon intérêt.

– Ce n'était pas un interrogatoire ; mais plutôt une forme de foutu catéchisme.

– Pardon ?

– Aucune importance.

Il sourit un instant et soupira. Pendant qu'il poursuivait, des larmes commencèrent à apparaître dans ses yeux et à couler le long de ses joues. Il ne semblait pas s'en rendre compte. Mo avait déjà vu beaucoup d'hommes adultes pleurer dans cette pièce. A priori c'était dû au calme de l'endroit.

– J'approfondissais les idées qu'un de mes collègues avait eu par rapport aux pouvoirs de l'hypnose de masse.

– Oui. J'ai vu son livre sur votre bureau.

– Vous vous êtes déjà rendue chez moi ?

– Oui.

– Comme c'est amusant.

– J'y suis allée mardi matin.

– Vous avez lu mes notes ?

– Oui.

Elle ouvrit son carnet et retrouva le mot.

– Que signifie « psychosomatique » ?

– Produit par la force de l'esprit. Je fouillais dans l'histoire du concept d'Apocalypse, en m'attardant sur les différentes interprétations humaines de la façon dont le monde allait disparaître. Puis je me suis écarté de mon sujet, enfin c'est ce qui m'a semblé sur le moment, pour m'intéresser au domaine des prédictions astrologiques, au tarot et tout le reste. Il m'était apparu que, partant de l'idée que quelque chose doit arriver, et en supposant qu'il y ait un désir – probablement inconscient – que cette chose arrive, l'esprit humain pourrait contrôler son propre destin de façon remarquable. Mon collègue avait déjà appliqué cette théorie aux génies de la politique, en montrant à quel point la volonté de dominer menait sans peine à la domination.

– Vraiment ?

– J'ai tout simplement appliqué ce concept à la notion de prophétie, ce à l'échelle des races, et déduit que, en théorie, la race humaine pourrait se détruire elle-même simplement en songeant à l'Apocalypse avec un sentiment de fin du monde. L'horreur de la situation m'est apparue quand j'ai commencé à rendre visite à un échantillon de la « profession » et à lire leurs ouvrages. Par une abominable coïncidence, un schéma de bouleversements futurs, un changement gigantesque, du genre à conduire à la conclusion de la fin du monde, apparaissait systématiquement. Les chiromanciens n'ont pas grand rapport avec les témoins de Jéhovah, qui eux mêmes sont sans lien avec les cartomanciens ou les astrologues, mais, en leur rendant visite ainsi qu'en me livrant moi-même à des « prédictions » selon leurs techniques, je me suis rendu compte...

Il s'interrompit, surpris de s'apercevoir qu'il était en train de pleurer.

– Oh mon Dieu, dit-il de la même voix éteinte qu'il utilisait depuis le début de son récit, avant de s'essuyer le visage et les yeux avec un mouchoir.

Quand il releva le visage, il avait l'air plus calme.

Mo fut tentée de rire. Toute cette affaire avait progressé de façon tellement prometteuse, à commencer par la découverte de cette grosse coquine Grecque attachée sur sa chaise, que le mobile final résonnait un peu stupidement dans le vide de la cellule. Mais quelque chose dans la dignité du prisonnier l'empêcha de rire, et elle se retrouva en train de lui demander d'un ton sincère et curieux :

– Quand est-ce que ça doit arriver ?

– Ce soir. Dans quelques heures. Je me sens très fatigué. Pourrais-je... ?

Il se rallongea sur le lit et se remit à fixer le plafond. Quelqu'un frappa à la porte.

– Chef ?

– Tout va bien, Barry. J'ai presque terminé, merci.

Elle glissa une main dans sa poche et toucha la lettre de Hope.

– C'est pour ça que vous vous fichez de tout, n'est-ce pas ? poursuivit-elle.

Elle songea à l'immense maison du type, située dans un quartier d'immenses maisons, et à la photo de la jolie petite nana. Il fixait toujours le plafond.

– Oui, dit-il.

Mo se leva et alla jusqu'au lit. Quand il lui saisit la main d'un geste vif, elle ne broncha pas. Il était très faible. Elle pourrait lui casser le bras s'il tentait quoi que ce soit. Il saisit sa main et amena sa paume contre sa joue. Son visage était agité de sanglots. Son corps filiforme tremblait. Il tordait en tous sens son autre main. Elle s'assit à ses côtés, observant ses traits torturés et le laissant lui presser la main. Son visage était osseux. Il eut un dernier spasme et laissa échapper de faibles soupirs. Une fois le silence revenu, elle lui mit délicatement une main sur l'épaule.

– Doucement, dit-elle, vous avez besoin de quelque chose ?

Il se contrôla en prenant une grande inspiration.

– Je peux vous faire confiance ? réussit-il à articuler.

– Vous n'avez que moi. On ne nous écoute pas.

– J'avais pas mal de choses dans les poches de mon manteau et de mon pantalon. Quand je suis arrivé ici, cette fille avec des cheveux atroces les a enfermés quelque part juste derrière la porte. Je faisais semblant de dormir ; j'ai tout entendu.

– Et ? demanda Mo, l'ombre d'un sourire sur le visage.

– Il y a une lettre de ma femme accompagnée de cachets. Pourriez-vous me l'apporter ?

Mo observa un instant l'homme en train de fixer le plafond, et inspira.

– OK. Vous l'avez mérité.

Elle retira sa main de son étreinte et se leva. Elle retourna dans le couloir. Elle jeta un coup d'œil autour d'elle. Personne. Elle ouvrit le petit placard incrusté dans le mur à côté de la porte de la cellule. Il y avait un « CINQ » inscrit dessus. Son manteau était accroché à un cintre et le contenu de ses poches était étalé sur une étagère. Mo nota mentalement tout ce qui s'y trouvait, puis saisit l'enveloppe et referma le placard. Il ne bougea pas quand elle la déposa sur le lit près de son visage, mais il la remercia et lui dit qu'il préférerait ne pas dîner.

– Sans problème, mon chou. Je comprends. On ne vous dérangera pas jusqu'à demain matin.

Elle sortit tranquillement et l'enferma. Elle appuya sur le bouton et parla dans la grille.

– Barry ? Mo. J'ai terminé. Pendant que j'y pense, il ne se sent pas très bien et préfère ne rien manger ce soir, alors tu peux dire à Bella de le retirer de sa liste, OK ?

Elle retourna dans son bureau, s'assit, et tapa rapidement une liste des affaires du prisonnier, omettant la lettre et les cachets. Puis elle la porta à côté. McEnery était en train de siroter une tasse de thé.

– Pour moi aussi, merci.

– OK, Chef, dit McEnery.

– Au fait, tu es une vilaine fille.

– Qu'est-ce que j'ai encore fait ?

– Tu as oublié de faire une liste de ses effets personnels, n'est-ce pas ? dit-elle en secouant sa feuille. Ce n'est pourtant pas ton genre.

– Oh merde ! Je suis désolée.

– Ce n'est pas grave. Heureusement que j'ai regardé. J'en ai fait une. Quand tu auras une seconde, fais-en une copie pour mettre dans son placard avant de ranger l'original.

Jeudi Deux

En ce qui ressemblait au premier jour d'une vague de chaleur, la sacristie était d'une fraîcheur bienvenue. La veste du costume de Seth était accrochée au dossier de sa chaise ; il avait l'intention de ne la mettre qu'au tout dernier moment. Il supportait mal la chaleur et savait que, quand il serait entouré de tous ces corps trop couverts et abasourdis par le soleil, il allait fondre. Son violon se trouvait sur une chaise voisine, accordé à la perfection. Deux fois. Il se pencha, les coudes sur les genoux, pour exposer ses aisselles aux dernières minutes d'air frais. Son nez et ses joues le piquaient : il s'était endormi sur une chaise longue, cet après-midi. Il n'avait pas vu passer la journée mais, maintenant qu'il écoutait jouer Jemima, le temps s'arrêtait. De l'autre côté de la porte, l'église était pleine de corps impassibles et de visages sereins qui la regardaient d'un œil neutre ; bientôt, ce serait son tour. Il sortit de sa contemplation pour vérifier que sa braguette était bien fermée et ses narines bien dégagées.

Comme ils s'apprêtaient à partir chacun de leur côté, Mère pour discuter avec des amis, et lui pour s'accorder, elle lui avait lancé un petit paquet dans la main avec un « Joyeux seizième anniversaire, en avance, parce que tu es un bon garçon. » et l'avait laissé à son trac. Une montre. Aussi étrange que cela puisse paraître, sa première. Sobre, sans autre fioritures qu'une petite fenêtre où apparaissait la date, le cadeau encerclait son poignet.

Le dernier mouvement de la sonate de Beethoven (adaptée par Jemima) s'acheva et les applaudissements résonnèrent dans la sacristie. Seth se leva aussitôt. Il avait momentanément perdu sa concentration. Il enfila sa veste, prit son instrument et son archet, et se tint tout près de la porte cloutée. Il était assuré et calme, à présent, mais par sécurité, alors qu'on actionnait le vieux loquet et que la grosse masse de chêne s'ouvrait vers lui, il murmura entre ses dents :

– Oui, s'il te plaît, mon Dieu, mais pas pour moi.

Venetia avait aidé Harry à faire ses tâches de la journée à la ferme, et bu du thé à l'hibiscus dans sa chambre. Après quoi ils avaient échappé au repas commun – avancé à cause du récital – en partant pour Saint Jacobs en voiture. S'apercevant que la Volvo était encore garée devant *La Corveaurie*, elle avait fait signe à son conducteur d'entrer dans un champ, près du carrefour, où ils attendirent, sans pouvoir s'empêcher de rire de leur petite conspiration, que la mère et son fils partent pour Trenellion. Elle en avait profité pour le complimenter en détail pour sa conférence, et lui pour réitérer son invitation dans son pays ; du coup, tous deux étaient maintenant en effervescence.

– Bien, déclara-t-elle en entrant dans la maison déserte. Si nous voulons faire une vraie *Soirée des Prolétariats* [1], il faut que nous commencions par nous mettre dans l'ambiance. Alors, on arrête cette saleté de Radio Three et on cherche quelque chose qui bouge.

Elle tourna le bouton de la chaîne stéréo et traversa une nébuleuse d'interférences pour s'arrêter sur une reine du disco qui chantait, avec panache et une minuscule touche de regret, son dépit amoureux. Le sourire aux lèvres, rajeuni par la compagnie de cette fleur enivrante, Barnes s'installa sur le sofa.

– Wooh ! fit la fleur en tapant des pieds. Et maintenant...

Elle frappa dans ses mains fines.

– ...il nous faut de la bière et un paquet de chips !

Elle partit en sautillant vers la cuisine, où elle alluma également la radio, et se mit à chanter la chanson en attrapant les chips derrière la huche à pain et la bière dans le réfrigérateur.

La reine du disco chantait : « Si j'avais su que c'était la dernière fois, je t'aurais embrassé et pris dans mes bras, jusqu'à ce que tu sois vraiment à moi ». Venetia vint s'asseoir à côté de Harry qui parcourait le catalogue d'une exposition sur la pornographie victorienne au Hayward.

– Ah ah ! fit-elle en lui arrachant la publication des mains pour la jeter par terre. Les livres sont *streng verboten*. Tu n'as le droit qu'à une canette de bière, mon formidable corps et...

Elle regarda le paquet de plus près.

– ...des chips parfum crevette ou barbecue.

Harry grogna avec délice et leva sa canette.

– A l'été prochain.

– Et à ceux qui les montent, répliqua-t-elle.

Et ils burent.

Elle prit un poignée de chips et les lui enfourna dans la bouche.

– C'est dégueulasse, hein ? Maman avait tellement honte d'être vue avec ça dans la queue du supermarché (le côté macrobiotique et

1 - En Français dans le texte. NdT.

sac indestructible, tu vois), du coup j'ai dû la calmer en lui disant que je voulais donner à notre visiteur une véritable expérience culturelle.

Il éclata de rire, ce qui projeta des miettes sur le sofa. Venetia eut un mouvement de recul et cria. Au bout d'un moment, il parvint à se calmer et demanda avec une trace d'ironie dans sa voix sirupeuse :

– Dis-moi, ton petit frère ne va pas t'en vouloir d'avoir raté son concert ? J'imagine que c'est un peu particulier de jouer le premier jour du festival.

– Oui, j'imagine. C'est possible…

Elle imitait son accent parce qu'il aimait ça.

– …mais Seth préfère que je n'aille pas à ses récitals. Il dit qu'il n'apprécie pas de savoir que je m'y ennuie. En plus, il joue quelque chose que j'ai déjà entendu. S'il m'en veut, je pourrai lui en vouloir aussi de ne pas avoir lu mes essais et de ne venir voir que les pièces où jouent des types sensibles et bien foutus. Oh, c'est celle-là ! J'adore cette chanson ! Doubou ba da da Di doubi dou bawa.

Elle chanta un moment en claquant des doigts, puis reprit de la bière.

– Elle est géniale. Je crois qu'elle est censée s'inspirer d'un vieux chant zoulou sur la liberté, ou je ne sais plus quoi. Non… pendant que j'y pense. C'est toi qui me l'a rappelé…

– Tu es vraiment en forme, dis-moi.

– Évidemment. Je passe la soirée toute seule avec un romancier célèbre. Mais à propos de Seth : tu avais raison.

– Vraiment ?

– Enfin, je crois. En tout cas, il est sorti bien après minuit, hier soir, avec le beau gosse qui fait des anges pour l'église.

– Non ! Pas le blond, avec des épaules larges et un menton à croquer.

– Ne me dis pas que tu aimes bien ce *connard*.

– Non… enfin… Mon admiration pour lui est purement esthétique.

– Tu reveux des chips ?

– Merci.

Elle se balançait sur le sofa et sentait la conversation retomber. Son euphorie menaçait de se consumer trop vite. Elle regarda fixement le visage souriant sur la couverture de *Tatler* et geignit :

– Je me ferais bien un petit peu de coke.

– Tu oublies que nous sommes membres honoraires du Front Populaire, ce soir. Je ne pense pas que la poudre soit vraiment dans leurs moyens.

– Exact. C'est très vrai.

Elle n'était plus assez concentrée. Il ouvrit la poche de sa chemise en souriant, ce qui raviva son intérêt.

– Mais j'ai apporté ceci, dit-il en lui passant un joint. Et ça, je pense qu'ils pourraient se l'offrir.

– De l'herbe ?

Elle n'en croyait pas ses yeux.

– Du jardin et roulée à la main. Très prolo.

– Wooh ! Vulgaire à souhait. Tu as du feu, bébé ? Merci. Oh, c'est trop années soixante-dix !

Et ce fut de nouveau le bonheur. Elle prit quelque bouffées, contente qu'il n'ait pas remarqué qu'elle n'avalait pas la fumée, et passa à l'action.

– On ne peut pas rester là à s'endormir, on a une soirée à préparer. Où est donc le journal du coin ? Un film, après ça une orgie de fish & chips et un petit tour en boîte.

Elle trouva le journal et s'accroupit par terre pour parcourir la page des spectacles. Au bout de quelques secondes, elle poussa un cri de plaisir :

– Génial ! *Emmanuelle et les sœurs sans merci*, suivi de *L'amour dans une colonie pénitentiaire pour femmes*.

– Merveilleux.

– Ça te va ? Tu ne vas pas nous recracher une quiche ?

– J'ai survécu aux chips, je peux survivre à tout.

– Super. Après on pourra aller au *Dauphin joyeux*. En fait, le poisson y est toujours bon, et frais. Et puis après, je vois bien le *Palais de Tintagel*, c'est plein de pédés le jeudi.

– Comment tu le sais ?

– Une fois, j'ai passé tout un après-midi, avec Josh, à regarder tous les guides qu'il avait trouvés.

– C'est lequel ?

– Rien qu'un de tes nombreux rivaux. Allez, il faut qu'on dérape, parce que sinon, on va rater les pubs locales et c'est le moment que je préfère. J'aurais voulu qu'on prenne le bus, a) pour qu'on puisse boire et b) pour qu'on savoure l'expérience de la gourde typique qui ne doit pas rater le dernier pour rentrer ; seulement je crois qu'il est trop tard. Tu n'auras qu'à conduire très vite pour que ça ait l'air plus authentique.

Sur ces mots, la Vierge et sa Folle sortirent pour passer une bonne soirée.

Après le dernier accord, Seth resta immobile un moment, puis laissa tomber ses bras le long des ses flancs et fut enveloppé d'applaudissements. Sa bouche se tordit involontairement en un sourire et il fit un petit salut. Il y eut des cris vers l'arrière de l'église où les retardataires étaient restés debout. Il se tourna vers Grigor pour saluer de nouveau avec lui, mais son accompagnateur était obstinément passé derrière le piano et se tenait là, tout sourire. Seth lui fit signe de s'approcher mais il se contenta de sourire encore plus largement et se mit à l'applaudir aussi. Vaincu, Seth salua une dernière fois et commença à se diriger vers la sacristie. Et puis il se souvint de ses partitions et fit brusquement demi-tour pour les reprendre et les glisser sous son bras. Il y eut un petit éclat de rire amical parmi les applaudissements. En refermant la porte de la sacristie, il s'appuya un moment sur la pierre fraîche du mur pour récupérer, et il entendit le murmure des gens qui se levaient de leur chaise et les discussions en sourdine. Mère et Jemima n'allaient pas tarder. Encore légèrement étourdi, il remit son violon dans son étui et regarda dans la cour en desserrant son archet.

– Bravo !

Elles étaient venues directement de l'église pour éviter la foule. J applaudissait.

– Bien joué, mon chéri !

Mère courut vers lui pour prendre ses mains dans les siennes et l'embrasser. Jemima riait.

– La grande couverture mouillée. Tu sais qu'elle a trempé ses deux mouchoirs, et le mien en plus, pendant que tu jouais ?

Seth rit. Les yeux de Mère étaient encore roses.

– Grande nunuche, va ! dit-il. J'ai fait tellement d'erreurs. Grigor s'en est tiré à merveille.

– Il n'a probablement rien remarqué. Ça lui arrive rarement, ça fait partie de son travail.

– Et bien joué aussi, marraine, continua Seth. Tu ne peux pas savoir comme c'était difficile de passer après ton Beethoven.

– Oh arrête ! Tu es un garçon très malin et nous sommes toutes les deux fières de toi, n'est-ce pas, Maman ? Maintenant, ce qu'il me faut, c'est un bon gin sec.

– Pour te préparer à Bartok ?

– Touché. En tant que musiciens et membres de la famille, on devrait pouvoir éviter quelques files d'attente. Allez.

Le soleil avait à moitié plongé sous l'horizon et coloré les nuages d'un rose profond.

– Charmant, jugea Evelyn alors qu'ils gravissaient les marches de bois qui enjambaient le mur.

On avait monté une tente pour abriter le bar, derrière le porche. La pelouse tout autour grouillait d'un public bien élevé qui lui faisait honneur. La plupart était en costume du soir. On pouvait reconnaître les visiteurs occasionnels et ceux qui venaient pour la première fois parce qu'ils se tenaient à l'écart dans leur tenue décontractée et qu'ils manifestaient également de l'intérêt pour l'église et le paysage de la côte. Quelques Amis du Festival, aguerris, dévoraient leur pique-nique près de leur voiture ou contre les murs. Grigor émergea, tout sourire, du fond de la tente avec un plein plateau de martinis.

– Je bénis jusqu'à tes chaussettes, mon chou ! dit Jemima en prenant un cocktail.

– Grigor, c'était merveilleux. Merci, dit Seth.

Il était encore touché et un peu embarrassé par la manière dont l'accompagnateur avait refusé de partager la vedette.

– Oh, je ne sais pas… Tu n'étais pas si mal, non plus.

Il rit, fier de son trait d'esprit.

Aucun des quatre n'eut besoin de circuler. Tous les gens qu'ils voulaient voir venaient à eux. Seth avait de plus en plus de mal à aiguiller les compliments vers Grigor et Jemima. Il commença à rayonner en voyant les têtes qui se tournaient vers lui dans la foule et le sourire timide des étrangers qui regagnaient leur place. J et Grigor retournèrent en vitesse vers la sacristie, martinis à la main, laissant la mère et son fils sur la promenade.

– J'ai été bon ?

– Plutôt, oui. Jane était à côté de moi et elle m'a fait des misères. Elle s'est évertuée à me faire honte devant tout le monde en répétant aussi fort qu'elle pouvait que j'étais ta mère. Quand tu es monté sur scène, j'étais aussi nerveuse que toi.

– Comment sais-tu que j'étais nerveux ?

– Le col de ta chemise rebiquait d'un côté et tu ne t'en es pas rendu compte.

– Oh mon Dieu !

Seth rajusta prestement son col.

– Il a dû rebiquer quand j'ai mis ma veste, dans la sacristie. Ça s'est beaucoup vu ?

– Oui. Enfin assez. Mais ça te donnait l'air mignon et vulnérable. Regarde, tout le monde y retourne. Finis de boire.

– Je vais ramener ton verre, je te rejoins après.

– D'accord mais n'arrive pas en retard.

Elle lui tendit son verre et allongea le pas pour rejoindre les retardataires sous le porche. Seth finit son cocktail et repartit vers la tente en mâchant l'olive de sa mère. Alors qu'il tendait les verres au serveur, il entendit une voix derrière lui.

– Maintenant c'est mon tour d'être admiratif.

– Roly. Tu étais là ?

Seth jeta un œil par-dessus son costume.

– C'était génial.

– Tu étais où ? Je n'ose jamais regarder.

– En haut, dans la galerie, comme ça je pouvais renifler en paix.

– Ne me dis pas que j'ai réussi à percer ton cœur de pierre.

– Non, c'est plutôt Brahms. Mais tu l'as aidé un peu.

Seth commença à se diriger vers le porche. Tout le monde était rentré.

– Tu ne vas pas y retourner.

– Si. Il faut quand même que j'entende le reste de ce que fait Jemima. C'est grâce à elle que je suis passé aujourd'hui.

– Je sais bien, mais il va falloir que tu restes debout dans le fond.

– Pourquoi ?

– C'est bondé. Si ta mère t'avait gardé une place, quelqu'un l'aura prise, maintenant. Et il n'y a plus aucune place en haut.

– Oh non ! Et Mère qui m'attend !

– Ne t'en fais pas.

– Elle va être folle de rage. Ce genre de chose compte beaucoup pour elle.

– Ce n'est pas de ta faute. Tu n'as qu'à lui laisser un mot sous son essuie-glace.

Seth hésita. Il pensait quand même devoir à Jemima la courtoisie de l'écouter, mais il voulait aussi rester avec Roly. Et retourner s'asseoir dans le public après avoir joué devant lui n'était pas non plus une perspective très agréable.

– D'accord. Je n'ai pas tellement envie d'y retourner, de toute façon. As-tu du papier ?

– Ouaip. Prends une feuille de mon agenda.

Les quartiers d'habitation avaient été transformés. Le lit était bien fait et dissimulé sous une courtepointe et des coussins. Le linge sale avait disparu, tout comme la pile de vaisselle. Les disques avaient regagné leur pochette, les livres leur étagère, et un bouquet de roses jaunes trônait dans une bouteille de lait sur la table.

– Eh bien ! taquina Seth en posant son violon. Qu'est-ce qui s'est passé, ici ?

– Ça commençait à être trop, même pour moi. J'ai piqué les roses dans le jardin de Jane, elle en a à revendre.

Il se tinrent côte à côte quelques secondes. Seth aurait voulu qu'ils roulent sur le sofa, mais ils n'en firent rien. Roly lui demanda s'il voulait manger quelque chose.

– Je meurs de faim.

– Soupe de cresson, côtelettes, patates et glace, ça te va ?

– Tu ne vas pas...

– Je ne suis pas un artiste affamé. Pas encore. Je suis encore leur invité, même si je ne suis pas particulièrement le bienvenu sous leur toit.

– Dans ce cas... d'accord, merci.

– J'aurais bien fait quelque chose de plus inspiré, mais je ne suis pas encore très aventureux.

– Ça m'a l'air parfait.

– Mieux qu'une salade de tarama et une quiche ?

– Laisse le NW3 [2] où il est.

– Pax.

Seth s'installa confortablement sur le sofa et admira le dos de Roly. Le cuisinier l'appela de l'évier :

– Ne reste pas là. Mets-nous un disque et viens t'asseoir sur le lit, que je puisse te surveiller.

Il hacha le cresson dans le mixeur pendant que Seth cherchait un disque.

– J'espère que Maman ne m'en voudra pas trop d'avoir séché la deuxième partie.

– J'ai vu sa tête à l'entracte ; à mon avis, pour les quinze jours qui viennent, tu ne peux pas faire d'erreur à ses yeux.

Seth choisit les *Préludes* de Chopin. Il s'assit au bord du lit pour retirer ses chaussures qui lui faisaient mal, puis il se blottit dans les coussins, près de la fenêtre.

– C'est mieux, dit Roly.

Seth trouva qu'il souriait trop et détourna son visage vers les vagues. Le soleil avait disparu et la nuit était claire.

– Tu y connais quelque chose, aux étoiles ?

– Non. Pourquoi ?

– Je me demandais si je pouvais voir le Lion, là-haut. C'est le bon moment. Le problème, c'est que je ne peux reconnaître les constellations que quand quelqu'un relie les points entre eux.

---

2 - Quartier de Londres où se trouve Hamsptead. NdT.

– Est-ce que tu crois aux horoscopes ?

– Je ne sais pas trop. En fait, j'ai du mal à ne pas croire en un tas de choses. Je lis le mien, et s'il est bon, je suis tout content. J'imagine que ça veut dire que j'y crois.

– Les Verseau sont censés détenir les clés d'une Société Nouvelle. Moi, je n'ai pas encore trouvé les miennes.

– Et ce qu'il y a sur la table, là-haut ?

– On ne peut pas vraiment dire que ce soit empreint de sens social.

– Et comment définirais-tu le « sens social » ?

– Tu te sens en confiance, ce soir, dis-moi.

– Évidemment, je t'ai montré que je savais faire quelque chose.

– Et comment !

– Tu n'as pas répondu à ma question.

– Laisse-moi tranquille, j'essaie de cuisiner.

– Premier round : Peake. Qui a dit que l'art devait contenir des références à la société, de toute façon ? Je pensais que l'art était un événement social en soi, comme prendre le thé.

Roly se contenta de sourire, lança sa veste sur le sofa et continua de placer les côtelettes dans la poêle.

– C'est un signe très gay, le Verseau, dit Seth.

– Et qu'est-ce que tu entends par là ?

– Eh bien, il est détaché, mais grégaire, il est obsédé par l'individualisme, mais il cherche à être populaire. La plupart des Verseau sont des idéalistes, aussi.

– Et qui a dit que l'idéalisme allait de pair avec l'homosexualité ?

– C'est assez dur d'être homo sans nourrir l'espoir que la structure sociale change. Tout marginal qui veut se faire accepter est un idéaliste.

– Et tu penses être marginal ?

– Jusqu'à ce que je dise à quelqu'un que je suis dingue de toi, je ne suis pas à proprement parler gay, je suppose ; rien qu'une quantité inconnue. Une fois que je l'aurai dit, je courrai le risque d'être traité différemment. Je sais que ma mère ne me jettera pas à la rue, parce qu'elle est protestante et qu'elle pourra me considérer comme une croix à porter. Je serai une nouvelle cause dans sa collection, et on n'a pas droit à ce genre de pitié quand on est considéré comme socialement adéquat.

– Et moi, je suis relégué dans un phare.

– Tout à fait. Mais comme tu es Verseau, tu t'en moques, en fait, ça te donne l'impression agréable d'être différent. Et quand tu vas emménager à Londres, ça te ferait plaisir de rejoindre une communauté du phare. On pensera que vous êtes tous de sales marginaux, mais votre idéalisme fera de vous un cercle d'élite.

– Apparemment, quelqu'un a lu un de ces stupides profils astrologiques…

– J'y ai jeté un œil, avoua Seth. Mais j'ai raison, non ?

– Attends.

Il y eut un silence pendant lequel Roly retourna les côtelettes et rajouta du beurre dans la poêle.

– Merde ! elles sont presque cuites. J'apporte la soupe.

Il prit deux bolées pleines dans le réfrigérateur et y ajouta de la crème. Seth le rejoignit à table alors qu'il servait le Chianti qui s'était réchauffé près du poêle.

– Ça a l'air délicieux.

– Tu n'as pas encore goûté.

Seth goûta.

– C'est délicieux, petit malin.

– Merci, gamin.

– Alors comme ça, tu ne penses pas que nous sommes la nouvelle race supérieure ?

– C'est une idée romantique, mais je ne vois pas pourquoi. A part le fait que, sans pouvoir nous reproduire, nous sommes là depuis très longtemps.

– C'est pareil pour les fourmis, mais elle n'ont pas encore eu d'holocauste nucléaire pour se débarrasser de l'opposition ; nous, nous n'avons pas eu de mouvement gay pour consolider nos forces et nos croyances.

– Nous ne sommes pas une armée religieuse !

Seth sourit derrière les roses.

– Deuxième round : MacGuire, dit-il. Comment es-tu devenu la brebis galeuse ?

– C'était stupide de ma part. Je venais de finir mes examens trimestriels à l'école des Beaux-Arts ; et, comme toi, je parlais de ma sexualité *ad nauseam* parce que c'était la première occasion que j'avais…

– Je suis jeune, c'est tout.

– Tu l'as dit ! Bref. A la fin du premier trimestre, je suis tombé éperdument amoureux pour la première fois. J'avais des étoiles dans les yeux et tout. Et je l'ai amené avec moi à Trenellion sans la moindre explication.

– Ça se voyait tant que ça, alors ?

– On se touchait pas mal, et puis un soir, Jane est sortie se promener et cette conne d'Héra à flairé notre trace dans les hautes herbes.

– Terrible !

– Il faut voir le côté comique. Elle n'arrêtait pas d'aboyer. Jane était à quelque mètres derrière elle. Comme elle ne voulait pas se taire, ni revenir aux pieds, elle s'est inquiétée. Elle pensait qu'elle avait reniflé un cadavre ou je ne sais quoi ; du coup, elle s'est précipitée vers nous, avec ses bottes en caoutchouc et tout. Son pauvre visage était indescriptible.

– Pauvre... heu...

– Jimmy. Oui. Je crois que ça a été pire pour lui. Ils l'avaient traité comme un étranger depuis le début, de toute manière. Depuis qu'il avait dit à Lachlan qu'il avait été élevé dans une chambre meublée, dans les Gorbals. Quand on est parti le lendemain, il y avait de l'orage dans l'air.

– Et c'est la première fois que tu reviens ?

– Oui. Je dois admettre qu'ils ont été très gentils. Ils ne nous ont pas jeté dehors. On est parti parce que Jimmy avait trop honte. Et puis, après la mort de Nanny, ils m'ont envoyé une lettre sympathique, sans faire mention de l'incident, mais où ils disaient que je pouvais disposer du phare, si un jour j'avais envie de prendre du recul. Quelques semaines plus tard, Lachlan m'a écrit une autre lettre pour me faire part de son idée de restaurer les anges. Il avait entendu dire que je n'étais pas un amateur total, et il s'était dit, tant qu'à faire, qu'il valait mieux confier le travail à un jeune talent qu'on aimait bien, plutôt qu'à un grand nom qui prendrait une fortune.

– Et reprendre ainsi la tradition familiale du mécénat.

– Exactement. Tes parents ne se doutent encore de rien ?

– Je ne pense pas. Je ne vois pas pourquoi. J'ai été interne pendant presque la moitié de ma vie, et je n'ai que seize ans. Enfin presque.

– Les hétéros sortent avec des filles, à seize ans. Certains ont même du travail.

– Vraiment ? Je ne savais pas.

– Non. J'imagine que non. Tu es au courant de la proposition de loi, quand même ?

– Quelle proposition ?

– Tu étais où, toute cette année ?

– Enfermé à double tour. Quelle proposition ?

– Il y en a une sur l'âge légal de l'homosexualité qui devait être discutée à la chambre des Lords aujourd'hui. Si seulement j'avais une radio, on pourrait savoir comment ça s'est passé.

– Tu veux dire qu'il serait ramené au même âge que pour les hétéros ?

Roly débarrassa les bols de soupe et apporta les côtelettes.

– Ils auraient du mal à l'augmenter ! Oui. Les Européens ont fait pression, enfin, et le bon sens risque de s'épanouir chez nous. Il va falloir attendre un trimestre, au moins, mais c'est un début.

– Ça n'a aucune chance de passer, remarque. Hmmm ! ça sent bon.

– Ça n'a peut-être aucune chance maintenant, parce qu'il n'y a pas eu assez de préparation. Il faut d'abord éduquer le lobby de ceux qui veulent tous nous tuer à la naissance, et un des meilleurs moyens de le faire, c'est de montrer que quelqu'un qui a fréquenté les mêmes écoles, qui a deux parents, deux bras, une femme, des enfants et un titre, et qui n'est même pas gay, peut avoir l'humanité de soutenir cette proposition de loi.

Pendant le reste du repas, ils parlèrent d'écoles, de famille, de rêves, de nourriture, d'aspirations... de tout ce qui découlait du sujet précédent. A présent, la vaisselle s'entassait de nouveau et, après avoir choisi un troisième disque, Seth avait perdu toute sa timidité et pouvait dire tout ce qui lui passait par la tête. Il ne se sentait pas particulièrement ivre.

– Café ?

– S'il te plaît. En fait, non merci. J'aime assez cette sensation d'être rassasié et flapi. C'était excellent. Merci. Quelle heure est-il ?

– C'est toi qui as une montre.

– Oh, c'est vrai ! j'avais complètement oublié.

– Quoi ?

– Maman me l'a donnée ce soir, juste avant que j'aille m'accorder, et j'ai oublié de la remercier à l'entracte. Et, il est minuit moins trois.

– Vite, alors ! Monte avec moi, que je te donne ton cadeau.

– Tu n'as pas...

– Monte, vite. Je te suis.

Il commencèrent à gravir l'escalier.

– C'est Bronwen qui me l'a dit.

– Oh.

Roly avait appuyé sur le bouton de la chaîne et le quartette de Schubert les précéda dans le studio.

– Maintenant, assieds-toi, ferme les yeux et ouvre les mains.

Seth fit ce qu'il lui demandait avec un grand sourire. Il y eut un bruit quand Roly bougea un fauteuil pour récupérer ce qu'il avait caché. Et puis quelque chose de lourd, emballé dans du coton, fut déposé dans ses mains.

– Attention, ne la laisse pas tomber.

– Je peux ouvrir les yeux ?

– Oui.

Seth vit que ce qu'il tenait était emballé dans une taie d'oreiller. Roly s'assit sur le dhurrie devant lui, légèrement embarrassé. Seth lui sourit en voyant son air inquiet.

– Vas-y. Ouvre. C'est ton anniversaire dans quelques secondes. Désolé, je ne l'ai pas emballée comme il faut, mais les papiers que j'ai trouvés étaient hideux.

– Ça me fait trop plaisir. Qu'est-ce que c'est ?

– Ouvre, idiot.

Seth retira la ceinture de robe de chambre qui fermait le paquet et, lentement, il glissa la main dans la taie d'oreiller. Il sentit le froid de la pierre.

– Oh, Roly, tu n'as pas fait ça ! dit-il dans un souffle en sortant la sculpture.

Elle mesurait environ trente centimètres de haut et était juste assez large pour qu'on puisse la tenir. C'était une silhouette, peut-être celle d'un ange, avec un bras levé en protection sur son front et l'autre tenant un livre, ou une tablette de pierre contre sa poitrine. Avec la même technique qui avait suggéré une toile distendue dans les autres statues, Roly s'était arrangé pour que la silhouette semble s'élever de sous un drap fin. Les bras, les cheveux, le torse et les traits, apparaissaient à travers les plis.

Seth parcourut des doigts toute la surface pour sentir les sillons laissés par le ciseau sur la pierre propre, presque savonneuse.

– Alors ? demanda enfin Roly.

– Tu sais bien qu'elle est magnifique. Merci et merci.

Il eut un bref sourire et regarda encore la silhouette en disant solennellement :

– Et je te promets qu'elle restera dans ma chambre et que je ne la laisserai pas la mettre dans le jardin ou la garder dans le salon. Et quand tu commenceras à faire des expositions, je l'enverrai dans les galeries, bien empaquetée avec une petite carte qui dira « De la collection privée de… »

Il se tourna pour la poser sur la chaise derrière lui, puis se rapprocha de son créateur.

– Merci.

Le baiser fut soudain, d'autant plus fort et plus gourmand qu'il avait été interrompu la veille. Seth se glissa dans les bras de Roly et sentit sa veste se chiffonner sous lui. Il s'étendit, la tête sur le tapis, alors que son amant se nourrissait de ses oreilles, de son menton, de son cou, et commençait à enfouir son nez dans la toile de sa chemise. Il laissa ses doigts se promener dans les cheveux de Roly et sur sa nuque, en écoutant la musique, et il se rendit compte que l'alcool lui faisait de l'effet. S'allonger si vite l'avait fortement étourdi. Comme Roly cherchait à l'embrasser de nouveau, il le serra fort contre lui dans l'espoir que la pression l'aiderait à retrouver ses moyens, mais son sang ne fit que battre plus fort.

– Là, dit doucement Roly en le soulevant pour dégager sa veste.

Seth se sentit soudain un peu mieux. Son dos avait commencé à transpirer et la vive sensation de l'air qui s'engouffrait dessous le rafraîchit un instant. Il défia le vin et tira de nouveau Roly à lui. Ce dernier fut amusé par cette passion inattendue et, alors qu'ils s'embrassaient, il roula sur le côté et fit passer Seth sur lui. Seth mourrait d'envie de se détendre, de s'oublier comme il aurait dû, mais une nouvelle sensation commençait à remonter en lui et son désir s'inclina devant elle. A chaque nouvel effleurement de leurs lèvres, à chaque nouvelle caresse, il devenait plus certain qu'il allait bientôt être violemment malade.

– Oh non ! grogna-t-il en se redressant. Est-ce qu'il y a une fenêtre où... ?

Il se leva et se dirigea en titubant vers la porte qui menait à la plate-forme extérieure. Roly y arriva avant lui et la lui ouvrit prestement. Il était temps. Roly lui mit la main sur l'épaule pendant que, sous le ciel étoilé, caressé par la brise marine, Seth vomit généreusement dans l'écume par-dessus le garde-corps. Quand sa crise eut l'air de se calmer, Seth s'agrippa aux barreaux et s'apprêta à dire qu'il était désolé, mais il fut interrompu par un nouveau spasme.

– Chut. Mon pauvre gars. Ce n'est pas grave. Vas-y. Tu te sentiras beaucoup mieux quand tout sera sorti.

Roly passa gentiment sa main sur le front de Seth. Après quelques minutes, tout redevint silencieux. Seth se balançait nerveusement contre le garde-corps, déglutissant, bavant et tremblant, le regard fixé devant lui, et l'air misérable. Et puis il fut doucement reconduit à l'intérieur.

– Je suis désolé, Roly... réussit-il enfin à dire.

– Arrête, ce n'est pas grave. Allez, viens dans la cuisine te rincer la bouche.

– J'oublie tout le temps comme c'est désagréable. Ça faisait des années que je n'avais plus été malade. En fait, je crois que j'ai dû boire un peu trop.

– N'essaie pas de parler, ça pourrait recommencer. Mon pauvre vieux.

Ils retournèrent à la cuisine. Roly lui donna un verre d'eau froide, puis lui proposa une brosse à dents et du dentifrice. Seth hésita.

– Ça ne te dérange pas ?

– Ne sois pas stupide. Prends-la.

– Merci.

Seth se brossa les dents et se sentit ragaillardi. Roly lui mit sa veste sur les épaules.

– Il vaut mieux qu'on te ramène te coucher chez toi.

– Oh, mais c'est affreux, s'écria Seth avant de se moucher.

Roly le prit par le bras et dit :

– Écoute, nous avons tout le temps. Tu es encore là pour une semaine et après, je m'installe à Londres.

– Mais je voulais que ce soit ce soir.

– Pour le moment, il faut que tu te prépares à affronter ta mère et une bonne gueule de bois.

Seth essaya de rire mais ne parvint qu'à sourire vaguement. Roly lui donna le vieux cardigan.

– Mets ça pour le chemin du retour. Va remettre tes chaussures et n'oublie pas ton cadeau.

Sur ces mots, il se dirigea vers l'escalier.

– Est-ce que mon haleine sent vraiment si mauvais ?

Roly s'arrêta et se retourna avec un sourire surpris.

– Non, mais je pensais...

Il s'interrompit en voyant l'expression sur le visage du garçon.

– Tu peux... On peut éteindre la lumière ? demanda Seth en laissant tomber le cardigan par terre.

Roly éteignit et revint vers le lit. Une lueur leur parvenait encore de l'étage. Par la fenêtre, qui avait été ouverte pour évacuer les odeurs de cuisine, le bruit et le parfum de la mer s'engouffraient. Pour la première fois, Seth s'aperçut de certains détails, comme le fait que son amant respirait bruyamment, ou, quand ils s'embrassèrent debout, leur différence de taille. Ils s'allongèrent vite mais durent bientôt se relever car il leur était impossible de retirer leur pantalon, couchés côte à côte sur un étroit lit à une place. Le corps de Roly était plus musclé que Seth ne l'avait pensé, sa peau moins douce. Il n'avait pas eu beaucoup d'attentes précises, mais il avait cru – il avait craint, sans doute – que les choses resteraient sur le plan spirituel. Il était rassuré.

Seth ne dit rien, sur le chemin du retour. En arrivant à *La Corveaurie*, il vit que toutes les lumières étaient éteintes et, en jetant un œil à sa nouvelle montre, il s'aperçut qu'il était très tard.

– A ton avis, je dois entrer présenter mes excuses ? demanda Roly.

– Non. Je pense qu'ils sont tous couchés. Je m'occuperai de ça demain matin. Et de toute façon, ça, ça va la calmer, dit-il en tapotant l'ange sur ses genoux.

Seth se pencha pour lui donner un baiser léger, puis marqua une pause, la main sur la poignée.

– Ce soir…

– Quoi ?

– Quand tu as dis qu'il valait mieux que je rentre… tu ne te cherchais pas d'excuses ?

– Qu'est-ce que tu veux dire ?

Il y avait un petit rire encourageant dans sa voix.

– Eh bien… enfin, je pensais que ça t'ennuierait peut-être que je sois trop jeune, que je vienne d'avoir seize ans.

– Tu pensais vraiment ça ?

Seth réfléchit un moment puis sourit, en serrant l'ange contre sa poitrine.

– Non. Pas vraiment.

– Alors va te coucher.

– Au revoir. Merci pour le dîner.

– Au lit !

Seth sortit et referma la portière.

– Seth ?

– Oui ?

– Bien joué, mon garçon.

– Idiot !

Seth souriait tout seul en se dirigeant vers la porte d'entrée, et il entendit la voiture démarrer. Il gravit l'escalier et vit aussitôt, en rejoignant sa chambre, que sa mère s'était endormie sur son lit en robe de chambre et en chaussons. La lumière la réveilla soudainement. Sa colère ne mit qu'un instant à refaire surface.

– Quoi ? Oh. Seth, fit-elle en s'asseyant. Peux-tu me dire exactement où tu étais ?

– Désolé. Tu n'as pas trouvé le message sur la voiture ?

– Évidemment que je l'ai trouvé, ton message.

– Oh.

– Ça a fait beaucoup de peine à J. Elle n'a rien dit, mais seulement parce qu'elle n'est pas du genre à se plaindre.

– Je lui téléphonerai demain matin.

– Ah, vraiment ? Ça, ce serait gentil. Es-tu allé au phare, encore une fois ?

– Oui.

– Qu'est-il arrivé à ton costume ? Il est tout chiffonné.

– J'ai dîné avec Roly MacGuire.

– En tête à tête ?

– Oui.

– Je vous ai vus sortir, l'autre soir.

– Je me suis dit que, peut-être...

– Est-ce que ce n'était pas un peu irresponsable, la veille d'un concert ?

– Oui. Je suppose.

– Heureusement pour toi, tu as très bien joué.

– Merci. Il m'a donné ça.

Seth lui montra la sculpture.

– C'est magnifique, dit-elle moins durement. Il a vraiment du talent. Fais-moi voir ?

Il la lui passa et s'assit à ses pieds, sur le lit. Elle la tenait en passant ses doigts sur les sillons, comme il l'avait fait, et en la soupesant dans ses mains. Puis elle la plaça sur la table de chevet et regarda ses mains retourner vers son giron.

– Et vous n'avez fait que dîner ?

– Qu'est-ce que tu veux dire ?

– Ce que je viens de dire.

Il répondit aussitôt :

– Non. J'ai couché avec lui. Nous avons fait l'amour.

Evelyn eut une minuscule défaillance, les paupières serrées.

– Est-ce que c'est le premier homme avec qui, heu... ?

– Je ne suis pas vierge, mais c'est le premier homme... le premier homme que je croie pouvoir aimer.

– Est-ce que ça t'inquiète ?

– Pourquoi est-ce que ça m'inquiéterait ?

Il prit ses mains dans les siennes.

– Je m'inquiète plus pour toi. Est-ce que ça t'inquiète, toi ?

– Je ne sais pas. Je ne suis pas choquée. Peut-être que je l'ai toujours su sans jamais vouloir l'admettre. Tu sais que c'est illégal ?

– Toi, tu ne le savais pas jusqu'à ce que Jemima te l'explique, hier soir.

– Eh bien, maintenant je le sais, et tu viens d'enfreindre la loi.

– C'est une loi que je choisis de ne pas respecter. Et puis, qui va nous dénoncer à la police ? On ne va pas se promener main dans la main.

Elle leva enfin les yeux.

– Quand je me suis aperçue que tu étais encore parti, ce soir, je me suis fait du mauvais sang.

Il vit tout de suite que sa colère avait disparu. Il la prit dans ses bras.

– Mais pourquoi ?

– Enfin, bon sang, parce que tu es mon bébé, voilà pourquoi. Je me ferais tout autant de mauvais sang si Neesh faisait la même chose.

Seth la balança doucement et dit :

– Eh bien, tu n'as plus besoin de t'inquiéter.

– Tu as grandi trop vite. Je pensais qu'il nous restait encore au moins un été... Il est très gentil, dit-elle d'un ton mélancolique.

– Je suis content que tu l'aimes bien.

– Est-ce qu'il peut venir séjourner ici ?

– Ça y est, maintenant tu vas vouloir en faire une grande cause !

Ils rirent, toujours dans les bras l'un de l'autre. Seth regarda l'ange par-dessus l'épaule de sa mère et sourit secrètement.

– Merci pour la belle montre, mentit-il. C'était le clou de la soirée.

Jeudi Trois

Elle avait laissé sa moto chez elle et était venue en prenant un bus à impériale. Elle s'était assise en haut pour pouvoir fumer. La nuit était chaude et, assise là-haut, la petite fenêtre baissée, la ville à ses pieds, la tension qui s'accumulait en elle n'avait fait qu'augmenter. La soirée de samedi avait été inattendue et plutôt étrange, et la boisson avait embrumé ses sensations, mais ce soir elle savait précisément à quoi s'attendre. Malgré le numéro élevé de l'adresse, il n'y avait pas d'autre bâtiment dans la rue. Le vieil immeuble de bureaux se trouvait bizarrement situé, au milieu de chantiers séparés par des clôtures. Il était difficile de deviner si l'endroit avait été bombardé et laissé tel quel, ou si on venait juste de le démolir. Les longues façades de tôle ondulée étaient peinturlurées de noms et de graffitis. « Je suis peut-être Juif, mais j'aime quand même planter les Cochons [1] ». Mo s'arrêta au pied de l'immeuble, éclairé par un réverbère, et regarda en l'air. Pas de lumières, peut-être que les squats n'étaient pas alimentés. On ne l'avait jamais envoyée en mission dans un squat, elle n'avait jamais eu la malchance de participer à une expulsion. Un mot était punaisé sur la porte. « Entre avant que le grand méchant loup ne t'attrape. Je suis en haut. »

Elle poussa sur la porte qui s'ouvrit en craquant. Elle regarda pendant quelques instants autour d'elle afin d'habituer ses yeux à l'obscurité, puis emprunta le grand escalier. Il y avait une légère odeur de poussière, mais aucune humidité. Elle espérait que les escaliers étaient sûrs. La plainte d'un saxophone venait d'en haut. *Stranger on the Shore*. Elle jeta un coup d'œil dans la cage d'escalier mais ne vit pas de lumière. En haut des marches, un lourd rideau accroché au plafond servait de porte rudimentaire. Elle passa derrière et découvrit une autre « porte » faite de deux feuilles de plastique transparent. De l'autre côté, une bougie brûlait dans une bouteille et éclairait les mots « Chez Hope » barbouillés sur le plastique avec une peinture sombre. En passant de l'autre côté, Mo entendit encore plus clairement le saxo. Elle ne voyait pas grand chose. Elle ramassa la bouteille et la tint plus haut. Elle aperçut une échelle

1 - Les Cochons (Pigs) : les flics. NdT.

posée contre une lucarne. La musique venait du toit. Comme elle avait peur du feu, elle moucha la chandelle et grimpa dehors.

Grâce à la lueur des étoiles et aux feux des rues avoisinantes, elle voyait mieux ici que dans l'obscurité du dessous. Elle fit quelques pas et tomba sur un barbecue rougeoyant et crépitant. Juste derrière, assise sur un matelas appuyé à une cheminée, se trouvait Hope, en train de jouer de son saxo. Deux vieux cageots formaient une espèce de table ; dessus étaient posés des assiettes, des gobelets et une bouteille de vin. Hope continua à jouer la chanson familière. Incapable de se retenir de sourire, Mo s'approcha et s'accroupit de l'autre côté des charbons ardents, l'observant. Hope joua encore une fois le refrain, levant les sourcils pour accueillir Mo, et termina le morceau.

– Excellent, dit Mo.

– Salut. Désolée de t'avoir insultée.

– C'est rien. Désolée de ne pas t'avoir dit que j'étais flic.

– Ça a été une sacrée surprise. J'aurais pu te sortir des horreurs en ne le sachant pas.

– Tu sais, je ne suis flic que pendant le service. Il est probable que j'aurais dit des horreurs aussi.

Hope rit. Elle tendit la main et Mo la rejoignit. Elles s'embrassèrent tendrement, se murmurant des excuses entre deux baisers, avant de se tordre de rire à cause d'une remarque de Hope sur les cow-boys et les Indiens.

– C'est incroyable.

– Quoi ?

– Toi, ce toit, la vue, le saxo, la bouffe. Tout.

– La bouffe. Merde !

Hope se releva d'un bond pour fourrager dans le barbecue.

– Tout va bien ?

– Ouais. C'est cuit d'un côté, commissaire.

– Je ne suis qu'inspecteur.

– OK, Poulet. Tu auras ta promotion bien assez tôt.

– C'est quoi ?

– Devine.

– C'est du... c'est pas du poulet quand même ?

– Tout juste. De beaux morceaux de flic.

Mo se mit à rire.

– C'est pour les acheter que je t'ai piqué un bifton.

Mo eut l'eau à la bouche rien qu'en sentant l'odeur des morceaux de viande grillée que Hope déposait dans les assiettes. Puis elle sortit des pommes de terre des charbons ardents, et une salade d'un sac de la Coopérative. Hope apporta une bouteille de sauce, Mo versa du vin, et elles se mirent à table.

– Tu es merveilleuse, dit Mo.

– Ferme-la, Wonderwoman, et mange.

– Je t'ai amené un cadeau.

– Pourquoi faire ? C'est ton anniversaire, pas le mien.

– Comment tu le sais ?

– La dinde avec des cheveux atroces m'a demandé si c'était une carte d'anniversaire. Je lui ai dit de s'occuper de ses affaires.

Mo rigola.

– Tu as bien fait, dit-elle, c'est une vraie salope. Tiens.

Elle tendit à Hope un paquet, qu'elle attrapa avec un petit cri.

– Qu'est-ce que c'est ?

– Ouvre-le.

Elle déchira le papier et eut le souffle coupé en découvrant le trophée en argent.

– Merde alors ! Où est-ce que tu as eu ça ? C'est magnifique.

– Tu ne devineras jamais.

– Où ? Comment ? Ça doit coûter une fortune.

Hope gloussa en regardant Mo qui souriait jusqu'aux oreilles en gardant le silence.

– Allez. Dis-moi.

– Bon, dit Mo, prenant l'air détaché, j'étais dans la superbe baraque de cette nana qui venait de mourir, à la recherche d'indices sur le cambriolage, et elle avait des tonnes de trucs dont elle pouvait se passer...

– Non ! Merde ! C'est le plus beau cadeau qu'on m'ait jamais fait ; une flasque en argent piquée par un flic !

Elle poussa des cris et, tout en riant, embrassa le métal.

– Oh Mo, tu es fantastique. Je retire tout, tu sais, tout ce que j'ai pensé et presque dit. (Elle rit à nouveau et poursuivit.) Tu vois, c'est exactement comme ce que tu as dit à propos de Trace, ma copine qui est devenue flic, sur la... comment c'était déjà ?

– La subversion de l'intérieur ?

– Ouais. C'est un peu ce que tu as fait, dans un sens, non ?

– Je crois.

Mo avait les joues en feu.

– Fabuleux !

– Ça me rappelle, il faut que je me lève très tôt demain matin ; je dois faire un petit voyage au bord de la mer.

– Pourquoi ? Travail ou plaisir ?

– Un peu des deux, ma belle. Un peu des deux.

Anniversaire

La première chose que Seth vit, fut la statue de Roly. Une pagaille d'images lui vinrent à l'esprit, et avec elles, le souvenir qu'il avait maintenant seize ans. Il aurait pu rester au lit, vu qu'aujourd'hui il n'avait aucune obligation, mais il voulait ouvrir ses cadeaux, et retrouver sa mère, dorénavant au courant. Il s'habilla et se rendit dans la salle de bains. Il se débarbouilla et, en s'essuyant, il entendit la sonnette de la porte d'entrée, puis sa mère qui parlait à quelqu'un. En écoutant attentivement il perçut aussi une voix de femme. Les deux femmes passèrent dans le salon puis dans la salle de répétition, juste en dessous de lui.

La voix inconnue était trop profonde et trop lente pour qu'il s'agisse de Jemima. Il retourna dans sa chambre chercher ses chaussures et mettre sa montre. Il était tard, presque midi. Surpris d'avoir pu dormir aussi longtemps sans que personne ne le réveille, il se dépêcha de descendre.

Venetia se prélassait sur le sofa avec une tasse de café et une boîte de biscuits.

– Je vois que tu as finalement réussi à te bouger après tes excès de la nuit dernière, murmura-t-elle. Joyeux anniversaire.

– Merci. Pourquoi est-ce que personne ne m'a réveillé ?

– On s'est dit que tu aurais peut-être besoin de faire la grasse matinée. Apparemment oui. C'était bien ?

– Pas mal, dit-il, s'apercevant qu'il ne rougissait pas. Et toi ?

– Eh bien, Harry et moi avons passé une soirée civilisée ensemble et il a insisté pour que, après le dernier trimestre de l'année prochaine, je l'accompagne à New York pour travailler avec lui.

– Mais c'est génial !

– N'est-ce pas ?

Il se laissa tomber sur une chaise.

– Ça ne te rend pas folle de joie ?

– Bien sûr que si, soupira-t-elle, mais il faut d'abord que je pense à mes examens.

– Oh oui. Les examens finaux.

– Tu n'ouvres pas tes cartes ?

Il regarda la pile de cadeaux et de cartes sur la table.

– Dans une seconde, dès que Maman sortira. Avec qui est-elle ?

– Une femme flic, avec une cicatrice.

– Mais ce n'est pas elle qui l'a appelée, quand même ?

– Comment veux-tu que je sache ? J'étais dans la cuisine et je l'ai juste vue la faire entrer par devant, avant d'aller dans la salle de répétition. Mais je ne pense pas. Ce que tu fais de ton sale petit corps ne regarde que toi ; elle respecte ça.

Fronçant légèrement les sourcils, Seth se leva et passa à la cuisine pour déjeuner. Avec la confiance assurée d'un homme de l'après-feminisme, il supposa que ses règles avaient recommencé pour de bon. Il avait raison d'ailleurs. Il mit la bouilloire à chauffer pour se faire du café et se versa un bol de müesli. Afin d'essayer de rester dans l'esprit d'un anniversaire, il y ajouta du yoghourt à la mûre. Il alluma la radio et mangea ses céréales, perché sur un tabouret, plutôt que de retourner dans l'atmosphère peu attrayante du salon.

« Les gros titres. Une enquête publique a été demandée par le ministre de l'Intérieur à propos de la fuite de l'usine nucléaire de Havermere, dans la région de Peake, où, à cause de la supposée négligence de l'équipe de nuit, un des cœurs radioactifs a dépassé la surchauffe maximale autorisée. Les spécialistes affirment que le danger a été découvert à peine quelques minutes avant qu'il n'y ait eu une explosion. »

« Hier soir, à la fin de la séance de la Chambre des Lords, l'ahurissant débat sur le projet de loi sur l'âge à partir duquel les rapports sexuels entre parties consentantes sont licites s'est terminé en faveur d'une réforme des lois existantes pour les homosexuels des deux sexes. Suivant l'exemple de certains gouvernements Européens, la Chambre a suggéré que seize ans, au lieu de vingt et un, était un âge de raison plus juste pour les homosexuels. De plus, le projet de loi suggère que l'on étende cette loi aux femmes homosexuelles, ou lesbiennes. Car il n'y a pas, au jour d'aujourd'hui, de loi gouvernant l'homosexualité féminine. Un nombre impressionnant de voix se sont élevées contre ce projet de loi, en particulier celle de l'extrême droite qui a déclaré que la société ne serait plus jamais la même si on changeait les lois pour, je cite, "sombrer dans la décadence" ».

« Pour terminer, nous venons juste d'apprendre que Dame Audrey Fox, la romancière unanimement reconnue comme la Reine du crime, vient de s'éteindre paisiblement la nuit dernière dans sa maison du Sussex, après avoir été malade toute la semaine. Elle avait quatre-vingt quatre ans. »

En rinçant son bol sous le robinet, Seth réalisa ce qu'impliquait ce qu'il venait d'entendre et commença à vraiment apprécier la journée. Il jeta un coup d'œil autour de lui et vit que Venetia était retournée dans le jardin. Elle était en train de se débattre avec un transat. Il entendit la voix de Mère, alors que la porte de la salle de répétition se rouvrait.

– Vous êtes vraiment sûre de ne pas vouloir rester prendre une tasse de café, Inspecteur ?

Elle accompagna l'agent jusqu'à la porte d'entrée.

– Non, je vous remercie néanmoins, Mme Peake. Je voulais simplement vous l'annoncer moi-même. Il faut que j'y aille maintenant.

Seth les rejoignit.

– Bonjour, dit Mo, en souriant.

Il hocha la tête en réponse, puis repartit se couper du pain.

– Bien, merci de votre prévenance, dit Mère.

– C'est moi.

Mère ferma la porte et se rendit vivement dans la cuisine. Seth abandonna le grille-pain et releva les yeux. Elle parlait vite et sur un ton joyeux.

– Joyeux anniversaire, chéri ! chantonna-t-elle, avant de lui planter un tendre baiser sur le front.

– Qu'est-ce qu'elle voulait ?

– Oh, elle était très drôle. Une vraie Cockney. Elle a fait tout le chemin depuis Londres pour me parler. Et tu as vu cette cicatrice ? Très impressionnant !

Elle eut un rire.

– Oh mon Dieu ! Tu ne penses tout de même pas que j'ai appelé les flics pour qu'ils se jettent sur ton sculpteur ? Enfin Seth, comment peux-tu oublier à ce point mon enthousiasme pour les Arts ?

En s'écoutant bredouiller nerveusement, elle fut surprise de ne pas trouver les mots pour annoncer à ses enfants qu'elle était veuve.

Achevé d'imprimer en avril 1998
par les Impressions Dumas à Saint-Etienne
pour le compte de

DLM
ÉDITIONS

3, avenue de Castelnau – 34090 Montpellier
Tél. 04.67.72.18.18 – Fax : 04.67.72.13.00

Dépôt légal : mai 1998
Imprimeur n° 34409